아인슈타인을 넘어서

**아인슈타인을 넘어서**

초끈이론으로 본 우주

_

초판 1쇄 1993년 2월 10일

개정 1쇄 2024년 3월 26일

_

**지은이** 미치오 가쿠 • 제니퍼 트레이너

**옮긴이** 박동민

**발행인** 손영일

**디자인** 임하영

_

**펴낸곳** 전파과학사

**출판등록** 1956. 7. 23. 제 10-89호

**주 소** 서울시 서대문구 증가로18, 204호

**전 화** 02-333-8877(8855)

**팩 스** 02-334-8092

**이메일** chonpa2@hanmail.net

**홈페이지** www.s-wave.co.kr

ISBN 978-89-7044-653-0 (03420)

# 아인슈타인을 넘어서

## 초끈이론으로 본 우주

마치오 가쿠·제니퍼 트레이너 지음 | 박영재 옮김

전파과학사

## 감사의 글

그림을 그려준 B. 퓨어만과 C. 머피 씨 그리고 많은 도움을 준 M. 앨버트, D. 애플린, H. 장, P. 더블, D. 그린버거, A. I. 밀러, H. 페이겔스 및 J. 슈바르츠 씨에게 감사를 드립니다.

# 머리말

이 책을 쓰게 된 동기를 알기 위해 1950년대 중엽으로 거슬러 올라가 보자. 이때 가쿠는 캘리포니아에서 어린 시절을 보냈고 처음으로 통일장(統一場)이론을 접했다.

가쿠가 위대한 과학자였던 A. 아인슈타인(A. Einstein)의 사망 기사를 읽었을 때, 그는 초등학교 4학년이었다. 그는 아인슈타인이 생애 동안 여러 가지 큰 발견을 했으며 이것이 그를 세계적으로 유명하게 만들었다는 것을 배웠지만, 또한 그가 위대한 업적을 마무리하기 전에 세상을 떠났다는 것도 배웠다.

가쿠는 바로 이 소식에 매혹되었다. 그렇게 위대한 인물이었다면 그가 해결하지 못한 연구는 정말로 굉장한 것이며 빛나는 생애의 마지막을 장식하는 데 적당한 것이었으리라 생각했기 때문이다.

호기심 많은 가쿠는 이 통일장이론에 대해 더 알기 위해 팔로알토도서관을 샅샅이 뒤졌지만 이 낯선 주제에 관한 단행본이나 논문을 찾을 수는 없었다. 거기에는 양자역학에 대한 몇 권의 대학 교재가 있었으나

8살 난 가쿠는 이것들을 거의 이해할 수 없었다. 게다가 이 책들은 통일장이론에 대해서는 한마디도 언급하지 않았다.

그래서 가쿠는 학교 선생님들에게 갔으나 그들도 그에게 아무런 답을 주지 못했다. 심지어 그가 성장한 후 만났던 물리학자들도 그가 아인슈타인의 통일장이론에 대해 언급했을 때 체념하듯이 어깨를 겸연쩍게 으쓱거리곤 하였다. 대부분의 물리학자들은, 인간이 우주에 존재하는 네 가지 기본 상호작용을 하나로 묶을 수 있다 믿는 것은 너무 이르다거나 또는 솔직히 주제넘은 것이라고 생각했다.

가쿠는 "신이 조각조각 낸 것을 인간이 붙이지는 못할 것이다" 하고 다소 건방지게 선언했던 물리학자인 W. 파울리(W. Pauli)의 말을 읽었던 것을 기억하고 있다.

몇 년 후, (처음에는 강한 상호작용에 관한 이론으로 제안되었던) 끈이론에 관해 연구하는 동안 가쿠는 매우 비관적이 되어 통일장이론에 관한 연구는 결국 뜬 구름 잡기 같은 것이라고 생각하게 되었다. 1970년대에 들어가 물리학자인 J. 슈바르츠(J. Schwarz)와 J. 셰르크(J. Scherk) 두 사람이 이 끈이론을 잘 다루면 아인슈타인과 현대물리학의 대가들이 파악할 수 없었던 전설적인 통일이론이 될지도 모른다고 주장했지만 심각하게 받아들인 사람은 아무도 없었다.

마침내 1984년에 그것을 매듭짓는 것 같은 극적인 이론적 성취가 이루어졌다. 슈바르츠와 셰르크가 예언한 초끈이론은 통일장이론을 위한 가장 좋은, (그리고 유일한) 가능성 있는 이론인 것처럼 보인다.

이론에 관한 구체적인 것은 아직도 연구되고 있지만 이 발견이 물리학계를 뒤흔들어놓았던 것은 확실하다. 가쿠는 이미 『핵의 위력: 그 양면성』이라는 책을 전문작가인 J. 트레이너(J. Trainer)와 함께 저술했기 때문에 가쿠가 트레이너와 다시 짝을 이루어 30년 전에 매료됐던 "통일장이론이란 무엇인가?"라는 물음에 답하는 것은 자연스러워 보인다.

우리는 함께 호기심에 가득 찬 일반인을 위한 입문서로서 도움을 줄 수 있는 책을 만들려고 애썼다. 우리들이 바라는 것은 '초끈이론의 대변혁'에 대해서 전문적인 많은 통찰과 지식을 가득 담아 이 문제를 재미있게 써서 여러분에게 제공하는 것이다. 이 점에 대해서는 우리의 결합된 경험, 즉 이론물리학자와 작가로서의 경험이 잘 조화를 이루고 있다고 믿고 있다.

우리는 또한 지난 300년 동안 발전되어온 과학의 흐름 속에서 초끈이론을 제시하면서 물리세계에 관한 포괄적인 이해를 제공하기를 바랐다. 대부분의 책들은 현대물리학 가운데 한 부분인 상대성이론이나 양자역학 또는 우주론만을 다루고 있어서 물리학의 많은 발전을 도외시하고 있다.

『아인슈타인을 넘어서』는 이것들과는 달리 개개의 연구 분야를 깊이 다루는 대신 물리학의 모든 분야에 초점을 맞추어 각각의 이론이 물리학이라는 큰 그림의 어디에 해당되는지를 밝히고 있다. 통일장이론은 양자역학과 어떤 관계가 있는가? 어떻게 중력에 관한 뉴턴의 이론을 초끈이론에 적용할 것인가? 이런 것들이 『아인슈타인을 넘어서』라는 책에 대답되어 있는 물음들이다.

우리들은 물리학의 새로운 발전과 『아인슈타인을 넘어서』에 흥분되어 있다. 우리는 우리가 권위 있고 흥미로운, 다시 말해 가쿠가 어렸을 때 그가 읽기를 바랐던 그런 책을 썼기를 바란다.

1986년 6월

뉴욕주 뉴욕시에서 미치오 가쿠

매사추세츠주 윌리엄시에서 제니퍼 트레이너

## 옮긴이의 말

1987년 뉴욕주립대학교(스토니브룩)의 이론물리연구소 연구원으로 재직하고 있을 때 책방에서 우연히 이 책을 발견하게 되었다. 단숨에 이 책을 다 읽고는 많은 감명을 받았다. 아인슈타인을 포함한 현대 이론물리학 대가들의 연구 태도에 관해 핵심만을 골라 뽑은 책이었으며 또한 전혀 수식을 사용하지 않아 이론물리학에 뜻을 둔 사람이라면 누구나 쉽게 읽을 수 있는 책이었기 때문이다.

옮긴이의 경우 그저 막연히 학문을 한다는 생각으로 대학에 입학했고 그저 꾸준히 공부를 해왔으나 만일, 소년 시절 아니 학부 시절이라도 이런 책을 접할 수 있었다면 보다 순수한 호기심을 가지고 학문에 몰두할 수 있게 되지 않았을까 하는 아쉬움에서 이 책을 번역하게 되었다.

끝으로 비록 서투른 번역이나 이 책이 꿈 많은 청소년에게 읽혀져 훌륭한 이론물리학자가 한국에서도 많이 나오기를 간절히 바란다.

1992년 9월 25일

박영재

## 차례

## Ⅲ. 4차원을 넘어서

# I

# 우주론

## 1. 초끈이론은 모든 것을 다 설명할 수 있는가?

굉장한 대변혁이 현대물리학의 기반을 뒤흔들어놓고 있다.

새롭고 빛나는 이론이 우리들의 우주에 대한 평소의 진부한 관념들을 빠르게 뒤집어놓고 있으며, 이것들을 아름답고 우아한 새로운 수학으로 바꿔놓고 있다. 비록 아직은 이 이론에 대해 다소 풀리지 않고 있는 문제들이 있지만 물리학자들 사이에 명백히 흥분이 일고 있으며, 세계적인 일류 물리학자들은 '우리가 현재 목격하고 있는 것은 새로운 물리학의 창조다'라고 주장하고 있다.

이 이론을 초끈이론이라 부른다. 지난 10년간 물리학에 있어서 놀랄 만한 돌파의 연속이, 어쩌면 우리가 마지막으로 우주에 알려진 모든 상호작용을 하나로 묶는 포괄적인 수학적으로 뒷받침되는 통일장이론을 마무리 짓고 있다는 것을 가리키며, 초끈이론의 발전이 절정에 도달해 있다는 것을 뜻하는지도 모른다. 심지어 초끈이론의 주창자들은 이것이 절대적인 우주의 이론일 것이라고 주장한다.

물리학자들은 보통 새로운 아이디어에 대한 그들의 접근 방법에 매우 신중하지만 프린스턴대학의 E. 위튼(E. Witten)은 초끈이론이 앞으로 50년 동안 물리학의 세계를 주도할 것이라고 자신 있게 주장해오고 있다. 또한 그는 최근에 "초끈이론은 완전히 기적이다"라고 말하기도 했다. 한 학술회의에서 그는 "우리는 양자론의 탄생과 같은 굉장한 물리학에서의 대변혁을 목격할지도 모른다"고 주장해 청중들을 놀라게 하기도 했다. 덧붙여 그는 "시간과 공간이 정말로 무엇인지에 대해 일반상대성이론 이래 가장 극적인 새로운 이해를 이끌어낼 것이다"[1]라고 말했다. 심지어 개개의 과학자들의 주장들을 항상 조심스럽게, 그러면서 과장하지 않는 과학잡지들도 초끈이론의 탄생을 성배(*Holy Grail*)에 견주었다. 과학잡지가 주장했던 이 변혁은 '수학에 있어서 실수로부터 복소수로의 변환보다 더 심원한 것'[2]일지도 모른다.

초끈이론의 창시자들인 캘리포니아공대의 J. 슈바르츠와 런던에 있는 퀸메리대학의 M. 그린(M. Green)은 농담 섞인 말이지만 이 이론을 모든 것에 통하는 이론(*Theory of Everything*; TOE)이라 부른다.[3]

이러한 흥분의 핵심은 초끈이론이 은하계의 운동에서부터 원자핵 내부의 동력학까지 모든 알려진 물리현상을 설명할 수 있는 포괄적인 이론일지도 모른다는 인식이다. 심지어 이 이론은 우주의 근원, 시간의 시작 및 다차원 우주의 존재에 관한 놀랄 만한 예언을 하고 있다. 물리학자에게 이것은 수천 년 동안 주의 깊은 관찰을 통해 힘들게 쌓인 우리들의 물

---

1) B. M. S., *"Anomaly Cancellation Launches Superstring Bandwagon," Physics Today*(July 1985): 20.
2) M. Mitchell Waldrop, *"String As a Theory of Everything," Science*(September 1985): 1251.
3) *Telephone interview*, John Schwarz, February 25, 1986.

리적인 우주에 관한 지식이 한 이론으로 요약될 수 있다는 매우 흥분된 생각인 것이다.

예를 들면, 독일 물리학자들은 물리학에 관한 모든 지식을 요약하여 『물리학의 안내서』라는 백과사전에 담았다. 이들의 역작인 도서관의 모든 서가에 꽂혀 있는 『안내서』는 과학적 학습의 정점(頂點)을 뜻한다. 따라서 초끈이론이 옳다면 이 백과사전에 담겨 있는 모든 정보는 원칙적으로 하나의 방정식으로부터 유도될 수 있는 것이다.

물리학자들은 특히 초끈이론이 우리로 하여금 물질의 본질에 대한 이해를 바꾸도록 하기 때문에 이 이론에 대해 흥분되어 있다. 그리스 시대 이래 과학자들은 우주를 구성하는 최소 기본단위가 아주 작은 입자라고 가정해왔다. 데모크리토스는 물질의 이 같은 절대적이고 더 이상 나눌 수 없는 기본단위를 설명하기 위해 아토모스(*atomos*)란 말을 만들어냈다. 그러나 초끈이론에서는 자연을 이루는 최소 기본단위가 아주 작은 진동하는 끈이라 가정한다. 만일 이것이 옳다면 우리의 몸으로부터 가장 먼 별까지 모든 물질들을 이루고 있는 양성자나 중성자들도 끈으로 이루어져 있다는 것을 뜻하는 것이다.

그런데 이 끈들은 그 길이가 $10^{-33}$센티미터 정도이기 때문에 아무도 본 사람이 없다. 초끈이론에 의하면 우리의 세계는, 우리가 측정하는 장치들이 이들 매우 작은 끈들을 보기에는 너무 조잡하기 때문에 점입자로 이루어진 것처럼 보인다.

먼저 점입자를 끈으로 바꾸는 그런 단순한 개념이, 자연에 존재하는 입자들의 풍부한 다양성이나 입자들의 교환에 의해 생기는 힘들을 설명할 수 있다는 것이 이상하게 보인다. 그러나 초끈이론은 놀랄 정도로 다양한 성질을 설명할 수 있는 그런 우아하고 포괄적인 이론이다.

초끈이론은 바이올린 줄이 모든 음악적 음색과 조화의 규칙을 한 틀로 묶는 데 쓰이는 것과 같이 자연의 모든 모습을 나타낼 수 있다. 역사적으로 음악의 법칙은 여러 가지 음을 연구하여 천 년 동안 조심스럽게 시행착오를 거쳐 이루어졌다. 그러나 오늘날, 이 다양한 법칙은 한 개념(즉 개개의 진동수가 음계의 서로 다른 음색을 내는 다른 진동수들을 가지고 진동하는 하나의 끈)으로부터 쉽게 유도할 수 있다. 진동하는 끈에 의해 만들어지는 C 또는 B플랫과 같은 음색들은 다른 음색보다 더 이상 기본적이 아니며 기본적인 것은 진동하는 끈이라는 하나의 개념으로 조화 법칙을 설명할 수 있다는 사실이다.

바이올린 줄의 물리를 아는 것은 우리에게 음계를 이해할 수 있는 이론을 제공해주며, 우리로 하여금 완전하게 새로운 화성(和聲)과 현(弦)을 예언하게 한다. 이와 비슷하게 초끈이론에 있어서 자연에서 발견되는 기본적인 힘과 다양한 입자들은 올가미 끈의 가장 낮은 모드들인 것이다. 예를 들면, 중력 상호작용은 올가미 끈의 가장 낮은 진동 모드에 기인하며 끈의 들뜬상태들은 서로 다른 물질들을 이루고 있다. 따라서 초끈이론의 관점으로부터 힘이나 입자들은 더 이상 기본적인 것이 아니다. 이들은 모두 바로 진동하는 끈들의 다른 공명상태인 것이다. 따라서 한 이론체계인 초끈이론으로 왜 우주에 그렇게 많은 입자나 원자들이 있는가를 원리적으로 설명할 수 있다는 것이다.

"무엇이 물질인가?"라는 고대부터 있어 온 질문의 답은, 단순히 물질이 바로 G음 또는 F음과 같은 진동하는 끈의 다른 모드들인 입자들로 구성되어 있다라는 것이다. 즉, 끈에 의해 연주된 '음악'이 바로 물질이라는 것이다.

그러나 세계적으로 물리학자들이 이 새 이론에 대해 그렇게 들떠 있는 중요한 이유는 이것이 금세기 가장 중요한 과학적 문제, 즉 어떻게 묶느냐 하는 문제를 해결할 수 있으리라 생각하기 때문이다. 이 변혁의 가운데에 규명해야 하는 것은 우리의 우주를 지배하는 네 가지 기본 상호작용이 실제로 초끈이론에 의해 지배되는 하나의 통일된 힘의 다른 표출이라는 것을 구체화하는 일이다.

## ♦ 네 가지 기본 상호작용

힘이란 무엇인가?

물체를 움직일 수 있는 것이 힘이다. 예를 들면, 자기력은 나침반의 바늘을 돌게 할 수 있기 때문에 힘이며, 또한 전기도 우리의 머리카락을 일으켜 세울 수 있기 때문에 힘의 일종이다. 우리는 지난 이천 년에 걸쳐 우주에는 중력, 빛과 관계된 전자기력, 핵과 관계된 약력 및 강력의 기본적인 네 가지 힘들이 있다는 것을 인식하게 되었다(고대인들에 의해 생각한 불이나 바람과 같은 힘들은 이 네 가지 힘에 의해 설명될 수 있다). 그러나 우리들이 살고 있는 우주의 큰 과학적 수수께끼의 하나는 왜 이런 네 가지 힘들이 그렇게 완전히 다르게 보이는 것인가 하는 것이었다. 지난 50년 동안 물리학자들은 이들 네 가지 힘을 하나로 집약된 틀로 묶으려는 문제와 씨름해왔다.

초끈이론이 물리학자들 사이에 퍼지고 있는 흥분을 여러분에게 이해시키기 위해 우리는 잠깐 동안 각각의 힘을 설명할 것이며, 이들이 어떻게 다른가를 보일 것이다.

중력은 태양계를 함께 결합하며, 이들의 궤도에 지구와 행성들을 유지시키며, 별들이 폭발하는 것을 막는 끌어당기는 힘(引力)이다. 우리가 살고 있는 우주에서 중력은 수조 수경 킬로미터 떨어진 가장 먼 별까지 작용하는 센 힘이다. 사과를 땅에 떨어지게 하고 우리 다리를 바닥에 붙어 있게 유지하는 이 힘은 우주 속을 움직이는 은하계를 묵묵히 지배하는 힘과 같은 힘이다.

전자기력은 원자들을 묶는다. 이 힘은 음전하를 띤 전자들이 양전하를 띤 원자의 핵 둘레를 돌게 한다. 전자기력은 전자궤도의 구조를 결정하기 때문에 이 힘은 또한 화학 법칙을 결정한다. 지구에서 전자기력은 가끔 중력을 능가할 만큼 충분히 강하다. 예를 들면, 책받침을 옷에 문지른 뒤 책상 위의 종잇조각에 가까이 하면 이를 끌어 올릴 수 있다. 따라서 전자기력은 아래로 향하는 중력에 반대로 작용하며 (핵의 크기에 해당하는) $10^{-13}$센티미터까지는 다른 힘들보다 더 강하게 작용한다. 아마 전자기력의 가장 잘 알려진 꼴은 빛일 것이다. 전자가 힘을 받으면 핵 주위에 대한 운동이 불규칙하게 되며, 전자들은 다양한 형태의 복사를 한다. 이것이 엑스선, 레이저, 마이크로파 또는 빛의 꼴을 한 가장 순수한 전자기 복사파의 꼴이다. 우리들의 삶에 있어서 필수적인 라디오와 텔레비전은 단순히 전자기력의 다른 꼴인 것이다.

원자핵 안에서 약력과 강력은 전자기력을 압도한다. 예를 들면, 강력은 핵 안에서 양성자와 중성자들을 함께 묶는 일을 한다. 어떤 핵 안에서도 모든 양성자들은 양전하를 띠고 있다. 핵 안에 이들만 있다면 이들이 서로 밀치는 전자기력은 핵을 찢어놓을 것이다. 따라서 강력은 양성자들 사이의 반발력을 억제하면서 이들을 묶는 구실을 한다. 대충 말하자면, 단지 몇몇 원소만이 (핵을 묶고 있는) 강력과 (핵으로부터 떨어져나가게 하는) 밀치는 전자기력 사이의 미묘한 균형을 유지할 수 있으며, 이 균형은 왜 자연계에 단지 100여 종의 원소만이 존재하고 있는가를 설명하는데 도움을 준다. 핵 안에 100개 이상의 양성자가 있다면 강한 핵력도 이들 양성자 사이의 밀치는 전기력을 억제하는 것이 어렵다.

강한 핵력이 갑자기 사라져버리면 그 효과는 비극적일 수 있다. 예를 들면, 원자폭탄의 우라늄 핵이 천천히 붕괴하면 핵 안에 갇혀 있던 거대한 에너지는 핵폭발의 형태로 폭발적으로 발산된다. 핵폭탄은 다이너마이트의 100만 배에 해당하는 에너지를 일시에 방출한다. 이것은 강력이 전자기력을 지배하는 화학 폭발보다 훨씬 더 많은 에너지를 낼 수 있다는 사실을 생생하게 입증한 것이다.

또한 강력은 왜 별이 빛나는가 하는 이유를 설명한다. 별은 기본적으로 거대한 원자로이며 거기에서는 원자핵 내부의 강한 힘이 해방되고 있다. 예를 들면, 만일 태양이 핵연료 대신에 석탄을 태워서 빛난다고 하면 얻어지는 에너지는 극히 조금밖에 없으며 태양의 불은 곧 꺼져서 재가 되고 말 것이다. 태양빛 없이 지구는 식을 것이고 지구상의 모든 생명체는 결국에는 죽을 것이다. 따라서 강력이 없다면 별들은 빛나지 않을 것이고, 태양도 없을 것이고, 지구상의 생명체도 불가능할 것이다.

만일 강력이 단지 핵 안에서만 적용되는 힘이라면 모든 핵들은 안정할 것이다. 그러나 우리는 경험을 통해 우리가 방사능이라고 부르는 어떤 핵(92개의 양성자를 갖는 우라늄 같은)은 너무 무거워 그들이 스스로 보다 작은 조각과 파편으로 방출되면서 쪼개진다는 것을 알고 있다. 간단히 말해서 이 원소들 안에 있는 핵은 불안정하며 붕괴한다. 따라서 네 번째 힘인 약력이 작용해 방사능을 지배하고 매우 무거운 핵의 붕괴를 일으키고 있다.

약력은 빠르게 작용하며 작용 시간이 짧기 때문에 우리는 우리의 삶 속에서 그것을 직접적으로 경험할 수 없다. 그러나 우리는 약력의 간접적인 효과들은 느낄 수 있다. 예를 들면, 가이거-뮐러 계수기를 우라늄 조각 옆에 놓을 때 우리는 가볍고 날카로운 소리를 들음으로써 약력에 기인한 핵의 방사성 붕괴 현상을 인지한다. 약력에 의해 방출되는 에너지는 또한 열을 발생시키게 할 수도 있다. 예를 들면, 지구 내부에서 발견되는 뜨거운 열은 부분적으로는 지구 핵심부에 깊이 있는 방사성원소의 붕괴에 기인한다. 그 결과, 이 굉장한 열은 이것이 지구 표면에 도달하게 되면 화산 폭발로 인해 분출한다. 유사하게 도시를 밝게 하기에 충분한 전기를 만들어내는 핵발전소의 원자로에서 방출되는 열도 또한 (강력뿐만 아니라) 약력에 기인하는 것이다.

이 네 가지 힘이 없다면 생명체는 상상도 할 수 없을 것이다. 왜냐하면 우리 몸에 있는 원자들은 분리될 것이며, 태양은 조각날 것이고, 별이나 은하계를 빛나게 하는 원자적 불들은 갑자기 타 없어질 것이기 때문이다. 따라서 힘에 관한 아이디어는 오래되었고 또한 익숙한 것이다. 그런데 새로운 것은 이 힘들이 단지 한 힘의 다른 양상을 띠고 나타난다는 생각이다. 한 물체가 다양하게 다른 꼴로 그 자신을 나타낸다는 사실은 매일의 경험에서도 입증되고 있다. 한 잔의 물을 가지고 이 물이 끓을 때까지 열을 가하면 증기로 바뀐다. 보통은 액체인 물이 액체와는 매우 다른 성질을 가진 증기나 가스로 바뀔 수 있는데, 그러나 이것도 역시 물이다. 간단히 말해 물은 어떤 조건에서 두 개의 매우 다른 꼴을 가질 수 있다는 것이다.

이제 물 한 잔을 얼음으로 얼리자. 열을 빼앗음에 의해 우리는 이 액체를 고체로 바꿀 수 있다. 그러나 이것도 역시 물이다. 같은 물질로 단지 어떤 조건 아래 새로운 꼴로 바뀐 것뿐이다.

보다 극적인 다른 보기는 바위가 빛으로 바뀔 수 있다는 것이다. 특별한 조건에서 한 조각의 바위가 많은 양의 에너지로 바뀔 수 있다는 것이다. 특히, 만일 이 바위가 우라늄 덩어리라면 그 에너지는 원자폭탄에 해당하는 것이다. 그래서 물질은 두 가지 꼴로 그 자신을 드러낸다. 하나는 우라늄과 같은 물질로 이루어진 물체이며 다른 한 꼴은 복사로 나타나는 에너지이다. 물과 같은 보기처럼 특별한 물질은 어떤 조건 아래서 단지 다양한 꼴로 바뀔 뿐이다.

많은 유사한 방법으로 과학자들은 지난 100년에 걸쳐 전기와 자기가 근본적으로는 같은 힘으로 다루어질 수 있다는 것을 이해하게 되었다. 사실 1979년의 노벨상은 약력과 전자기력을 어떻게 약한 전자기력이라는 한 힘으로 통일할 수 있는가를 밝힌 S. 와인버그(S. Weinberg), S. 글래쇼(S. Glashow), A. 살람(A. Salam) 세 물리학자에게 수여되었다. 이와 비슷하게 물리학자들은 지금 대통일이론이라고 부르는 다른 이론이 약한 전자기력과 강한 상호작용을 하나로 묶을 수 있을 것이라 믿고 있다.

그러나 마지막 남아 있는 힘인 중력은 오랫동안 물리학자의 손으로부터 계속 도망가고 있다. 사실 중력은 다른 힘들과는 너무 달라서 과거 50년 동안 과학자들은 중력과 다른 힘들을 하나로 묶는 것을 포기했다. 비록 양자역학이 놀랍게도 다른 세 힘들은 하나로 묶었지만 이것을 중력에 적용할 때는 불행하게도 실패했다.

## ♦ 잃어버린 고리

과학자들은 20세기의 위대한 두 이론이 다른 이론들 위에 우뚝 섰다는 것을 오랫동안 깨달아왔다. 하나는 원자 크기 이하의 세 가지 힘을 설명하는 데 반향을 불러일으킬 정도로 성공적이었던 양자역학이고, 다른 하나는 일반상대성이론이라 부르는 중력에 관한 아인슈타인의 이론이었다. 어떤 의미에서 이 두 이론은 서로 상반된다. 왜냐하면 양자역학은 원자, 분자, 양성자 및 중성자처럼 아주 작은 세계를 대상으로 하는 반면 상대성이론은 별이나 은하계 같은 우주적 규모인 매우 큰 세계에 대한 물리를 다루고 있기 때문이다.

물리학자에게 있어서 금세기 최대의 수수께끼의 하나는 원칙적으로 물리적인 우주에 관해 인간이 알고 있는 모든 지식을 다 유도해낼 수 있는 이 두 위대한 이론들이 왜 그렇게 서로 조화를 이루지 못하고 있는가이다. 사실 양자역학과 상대성이론과의 통합은 금세기에 세계적으로 뛰어난 사람들에 의해 모든 시도가 이루어졌다. 심지어 A. 아인슈타인도 중력과 빛을 포함하는 통일이론에 대한 쓸모없고 고독한 연구를 위해 지난 30년을 소비했다.

각각의 특별한 영역에서 이들 두 이론은 각각 놀랄 만한 성공을 보여왔다. 예를 들면, 원자의 비밀을 설명하는 데 양자역학보다 좋은 이론은 없다. 양자역학은 핵물리의 비밀을 해명해왔고 수소폭탄의 위력을 드러냈으며 또한 트랜지스터에서부터 레이저까지 모든 물체의 작용을 설명할 수 있었다. 사실 이 이론은 충분한 시간이 있다면 실험실에 들어가지 않고도 컴퓨터에 의해 화학원소들의 모든 성질을 예측할 수 있을 정도로 정확하다. 이렇게 양자역학은 원자의 세계를 설명하기에는 부인할 수 없을 정도로 성공적이었으나, 중력을 다루고자 할 때는 완전히 무기력해졌다.

한편 일반상대성이론은 그 자신의 영역, 즉 은하계의 우주적 규모에서는 놀랄 만한 성과를 거두어왔다. 물리학자들이 믿는 무겁고 죽어가고 있는 별의 절대적 상태인 블랙홀(*Black Hole*)은 일반상대성이론의 잘 알려진 예측이다. 일반상대성이론은 또한 원래 우주는 굉장히 빠른 속도로 한 곳에서 폭발해 은하계를 서로 멀리 퍼지게 하는 대폭발(*Big Bang*)로부터 시작했다는 것을 예언했다. 그러나 일반상대성이론은 원자나 분자의 움직임을 설명할 수 없었다.

그래서 물리학자들은 각각 다른 수학에 의해 기술되며, 각각 그 자신의 영역 안에서는 놀랄 정도로 정확한 예언을 하며, 또한 서로 몹시 분리되어 있는 다른 두 별개의 이론에 직면해 있었다. 이것은 마치 자연 이 오른손은 왼손과 완전히 다르게 보이며 다르게 쓰이는 그런 두 손을 가진 사람을 창조한 것과 같다.

자연은 절대로 단순하며 우아해야 한다고 믿는 물리학자에게 있어서 이것은 수수께끼였으며, 이들은 자연이 그런 기묘한 모습으로 작용한다는 것을 믿을 수 없었다.

초끈이론이 등장했던 것은 이런 때였다.

초끈이론은 위대한 두 이론을 합치는 문제를 단번에 풀지도 모른다. 실제로 초끈이론에서는 두 이론을 한꺼번에 사용하지 않는 한 모순이 나온다. 양자역학과 상대성이론이라는 두 개의 반쪽들이 초끈이론을 제대로 작동하게 하는 데 필요한 것이다. 초끈이론은 중력의 양자론을 의미있게 해주는 처음이면서도 유일한 수학적 틀인 것이다. 그것은 마치 지난

50년 동안 과학자들이 조각난 그림 조각을 맞추어 그림을 완성하는 놀이처럼 우주적 조각들을 맞추는 놀이를 해오다 갑자기 못 찾던 조각이 초끈이론이었다는 사실을 깨닫게 된 것과 같다.

## ◆ 공상과학소설보다도 더 이상한 일

원래 과학자들은 보수적인 사람들이라 새로운 이론을 빨리 받아들이지 않으며, 그 이론이 무엇이든 간에 기묘한 예측을 하면 더욱 그렇다.

그렇지만 초끈이론은 전에 제안되었던 어떤 이론보다도 더 이상하며 미친 것 같은 예언들을 하고 있다. 이렇게 많은 물리현상의 본질을 하나의 방정식으로 응축시킬 수 있는 이론에는 깊은 물리학상의 유래가 있을 것이며 이 이론도 예외는 아니다.

1958년에 위대한 양자물리학자였던 N. 보어(N. Bhor)가 W. 파울리라는 물리학자의 강연에 참석했다. 청중들이 잘 못 알아들었던 강연의 마지막에 보어는 "우리는 당신의 이론이 우스꽝스럽다는데 의견의 일치를 보았다. 의견이 나누어지는 것은 그것이 충분히 미친 것인가 아닌가이다"라고 말했다. 몇 가지 기묘한 예측을 하고 있는 초끈이론은 확실히 '충분히 미친 이론 같다'고 말하고 있다.

이 책의 뒤에 나오는 장에서 충분히 이 예언들을 논의할 것이지만, 이에 대한 몇 가지에 대해 여기에서 조금 다루어 초끈이론이 실제의 물리를 공상과학소설보다도 더 이상하게 보이도록 만들었다고 하는 사람들이 말한 것을 살펴보자.

## ◆ 높은 차원의 우주

1920년대에 아인슈타인의 일반상대성이론은 어떻게 우주가 생겨났는가에 대하여 가장 좋은 설명을 했다. 아인슈타인의 이론에 따르면 우주는 약 100억 년 내지 200억 년 전 대폭발이라고 부르는 거대한 폭발로부터 생겨났다. 별, 은하계 및 행성들을 포함하는 우주에 있는 모든 물질들은 초고밀도의 구체(球體)로 응집되어 있다가 격렬하게 폭발해 오늘날의 팽창우주를 만들어낸 것이다. 이 이론은 모든 별이나 은하계가 지구로부터 멀어지고 있는 관측 사실을 잘 설명하고 있다(대폭발에 의한 힘에 의해 추진된다).

그러나 아인슈타인의 이론에는 많은 결함이 있다. 왜 우주는 폭발했는가? 대폭발 자체의 원인과 성질을 설명하지 못했기 때문에 대폭발이론이 불완전하다는 것을 깨달아왔다. 믿기지는 않지만 초끈이론은 대폭발 이전에 무엇이 일어났는지를 예측한다.

초끈이론에 따르면 우주는 원래 10차원으로 존재했으며 오늘날과 같은 4차원 시공간은 아니었다는 것이다. 그러나 10차원 우주는 불안정하기 때문에 우주는 우주로부터 작은 4차원의 우주가 떨어져나감으로써 두 조각으로 나누어졌다. 이와 비슷하게 천천히 진동하는 비눗방울을 상상해보자. 만일 진동이 충분히 강해지면 비눗방울은 불안정하여 두 개 또는 그 이상의 보다 작은 비눗방울로 쪼개진다. 원래의 비눗방울을 10차원 우주라 하고 작은 비눗방울 가운데 하나를 현재의 우주라고 상상해보자.

만일 이 이론이 옳다면 실제로 우리의 우주는 함께 존재하는 '자매 우주'를 가지게 될 것이다. 그것은 또한 우주의 원래의 분열이 매우 폭발적이기 때문에 우리가 알고 있는 대폭발처럼 폭발을 만들어냈다는 것을 뜻한다. 따라서 초끈이론은 대폭발이 10차원 우주가 두 조각으로 조각나는 매우 격렬한 변화의 부산물이라고 설명한다.

그러나 여러분은 거리를 걷고 있는 어느 날 갑자기 공상과학소설처럼 다른 차원의 우주로 빨려들어가리라는 걱정은 할 필요가 없다. 초끈이론에 따르면 다른 높은 차원의 우주는 인간이 결코 도달할 수 없는 아주 작은 크기(약 원자핵의 100억분의 1의 100억분의 1인)로 줄어들어버렸다.

이런 뜻에서 높은 차원으로의 여행은, 단지 차원 간의 이동이 물리적으로 가능한, 우주가 10차원이었던 태초에나 가능한 것이다.

## ♦ 암흑물질

때때로 공상과학 작가들은 높은 차원의 우주뿐만 아니라 우주에서 발견되지 않는 특이한 성질을 가진 신비로운 물질인 '암흑물질(暗黑物質)'

을 가지고 그들의 소설을 더 흥미롭게 한다.

암흑물질은 과거에도 예측되어 왔으나 과학자들은 망원경과 측정 기구들로 하늘을 살펴보아도 단지 지구에 존재하는 100여 개 또는 잘 알려진 화학원소들만 발견했을 뿐이다. 심지어는 우주에서 가장 멀리 있는 별들도 보통의 수소, 헬륨, 산소 탄소 등으로 이루어져 있다. 한편 이것은 우리가 보다 먼 외계로 나아갈 때마다 우주선이 이미 발견된 화학원소만을 발견했다는 것을 확인함에 의해 다시 확신하게 되었다. 그러나 한편으로 외계에 놀랄 만한 것이 없다는 것을 알고는 실망했다.

초끈이론은 이 모든 것을 바꾸어놓을지도 모른다. 10차원 우주로부터 보다 작은 우주로 쪼개지는 과정은 새로운 꼴의 물질을 만들어낼지도 모른다. 암흑물질은 모든 물질처럼 무게를 가지고 있으나 이름처럼 전혀 볼 수가 없다. 또한 이 물질은 맛도 없으며 냄새도 없다. 심지어는 우리가 가지고 있는 가장 민감한 기구로도 그 존재를 검출해낼 수 없다. 만일 당신이 이 암흑물질을 손에 쥐고 있으면 확실히 무겁다고는 느낄 것이다. 그러나 다른 방법으로는 볼 수도 없고 검출해낼 수도 없다. 사실 이 암흑물질을 알아내는 유일한 방법은 무게에 의해서 뿐이다. 그리고 이것은 다른 물질과는 중력 이외의 어떤 상호작용도 하지 않는다.

암흑물질은 또한 우주론의 수수께끼의 하나를 설명하는 데 도움을 줄 수 있을지 모른다. 만일 우주에 물질이 충분하다면 은하계의 중력 상호작용은 우주의 팽창을 느리게 하고 심지어는 역으로 우주의 수축도 가능하게 하여 우주가 붕괴하게 한다. 그런데 이 역과정이 일어나 결국에는 우주가 붕괴되는 것을 가능하게 할 만큼 우주에 물질이 충분히 많은가 하는 데에는 상충된 자료들이 있다. 보이는 우주에 있는 물질의 총 질량을 계산하려는 천문학자들은 우주를 붕괴시키기에는 별이나 은하계가 충분치 않다는 것을 알았다. 그러나 적색편이나 별의 밝기를 고려한 다른 계산들은 우주가 붕괴할지도 모른다는 것을 나타내고 있다. 이것이 '찾지 못하고 있는 질량' 문제이다.

만일 초끈이론이 옳다면 왜 천문학자들이 그들의 망원경이나 관측 기구를 통해 암흑물질을 찾는 데 실패했는지를 설명할 수 있을 것이다. 또 만일 암흑물질에 관한 이 이론이 옳다면 암흑물질도 온 우주에 퍼져 있을 것이다(사실 보통 물질보다 암흑물질이 더 많을지도 모른다). 이런 관점에서 초끈이론은 대폭발 이전에 무엇이 일어났는지를 명백하게 알려줄 뿐만 아니라 우주의 종말에 무엇이 일어날지도 예언하는 것이다.

## ♦ 초회의론자들

물론 이같이 (점입자를 끈으로, 4차원 우주를 10차원 우주로 바꾸는) 엄청난 주장을 하는 이론은 회의론을 불러일으킨다. 비록 초끈이론이 심지어는 수학자들도 놀랄 정도로 갑작스럽게 수학의 새로운 전망을 열었고 세계의 물리학자들을 흥분시켜왔지만, 우리가 결정적으로 이론을 시험하기에 충분히 강력한 입자가속장치를 만들기까지는 수년 또는 수십 년이 걸릴지 모른다. 한편 실험적인 입증이 없는 한 회의론자들은 초끈이론이 아름답고, 우아하고, 유일함에도 불구하고 믿지 않을 것이다. 하버드 물리학자인 S. 글래쇼는 "수십 명의 가장 뛰어난 천재들이 관여해서 집중적인 연구를 수년간 했으나 어떤 증명 가능한 예측도 곧 증명될 수 있는 것도 하나도 이끌어내지 못했다"[4]라고 불평했다.

저명한 네덜란드의 물리학자인 G. 토프트(G. 't Hooft)는 시카고 교외에 있는 아르곤국립연구소에서 초끈이론을 둘러싼 팡파르를 '미국 텔레비전 광고'[5], 즉 선전뿐이며 실체가 없는 것에 비유하기까지 했다.

실제로 프린스턴 물리학자 F. 다이슨(F. Dyson)이 모든 네 가지 힘을 하나로 묶을 수 있는 하나의 수학적 모델을 찾는 것에 대해 언급하면서 일반론으로서 "물리학의 대지에는 통일이론의 시체가 층층이 쌓여 있다"[6]라고 경고했다.

그러나 초끈이론의 수호자들은 비록 이론을 입증하는 결정적인 실험이 수년이 걸릴지도 모르지만 이론과 모순된 실험 결과가 없으며 다른 어떤 이론도 그 주장을 반박하지 못했다고 지적했다.

사실 초끈이론은 다른 상대가 없다. 왜냐하면 지금까지 양자론과 상대성이론을 모순 없이 잘 통합하는 다른 방법이 없었기 때문이다. 어떤

---

4) Sheldon Glashow, "Desperately Seeking Superstrings?" *Physics Today*(May 1986).
5) Symposium on Anomalies, Geometry, and Topology, Argonne National Laboratory, Argonne, Illinois, March 29–30, 1985.
6) Freeman Dyson, *Disturbing the Universe*(New York: Harper&Row, 1979), 62.

물리학자들은 통일이론을 찾는 새로운 시도에 회의적이다. 왜냐하면 그렇게 많은 시도들이 과거에도 실패했기 때문이다. 그러나 이런 시도들은 중력과 양자역학을 묶을 수 없었기 때문에 실패한 것이다. 그런데 초끈이론은 이 문제에 성공적인 것처럼 보인다. 즉, 이 이론은 이전의 많은 이론들을 죽인 질병에는 걸리지 않았다.

그렇기 때문에 초끈이론은 모든 힘을 정말로 하나로 묶을 수 있는 최고의 가장 유력한 후보 이론인 것이다.

## ♦ SSC—역사상 가장 큰 과학실험 장치

약력, 전자기력, 강력 및 가능하다면 중력 상호작용을 하나로 묶는 데에 가까워지고 있는 물리학에서의 변혁은 자연스럽게 이 이론들의 측면들을 시험할 수 있는 강력한 장치를 만들기 위한 노력을 경주해왔다.

이들 이론은 쓸모없는 추측은 아니며 국제적 관심의 초점인 것이다.

향후 몇 년 동안 미국 정부는 60억 달러를 들여 거대한 '원자 파괴기'라고 하는 입자가속기를 건설해서 원자핵 속을 들여다보려 하고 있다. 초전도체를 이용한 초대형 가속기(SSC)라 부르는 이 장치는 지금까지 건설된 것 중 가장 큰 실험 장치이다. SSC의 주된 고리는 지름이 약 80킬로미터 정도로 미국 수도를 둘러싼 워싱턴 환상도로가 그 안에 들어오고도 남을 정도로 크다. 이미 캘리포니아, 일리노이, 뉴욕, 텍사스 및 그 밖의 주에서 정치가들이 이 거대한 장치를 자기네 주에 건설하기 위해 비공식적으로 노력하고 있다(지금은 텍사스주에서 유치에 성공하여 SSC 건설에 박차를 가하고 있다)[7].

SSC의 첫 번째 임무는 새로운 상호작용을 찾고 약한 전자기 상호 작용과 같은 통일이론들의 예측을 시험하며, 가능하면 대통일이론이나 초끈이론의 주변을 탐색하는 그런 일을 하는 것이다. 이 강력한 장치는 유명한 이 이론들의 여러 가지 측면에 초점을 맞출 것이다. 큰 도시 하나를 유지하기에 충분한 에너지를 소비하면서 SSC는 입자를 수조 전자볼트로 가속해 다른 소립자를 쪼갠다. 물리학자들은 이 이론들의 여러 측면을 증명하기 위해 필요한 결정적인 자료가 원자핵 내에 깊이 감춰져 있기를 바라고 있다. 어쩌면 다음 세기의 고에너지 실험물리학을 지배할 SSC는 아직은 강력과 약한 전자기력을 하나로 묶는 대통일이론의 결과들이나 모든 알려진 힘을 하나로 묶는 보다 야심 찬 초끈이론을 완전히 시험하기에는 충분하지 않을지 모른다. 따라서 두 이론에 관한 예측 실험은 SSC보다 훨씬 더 큰 장치를 필요로 할지도 모른다. 그러나 SSC는 이들 이론의 주변을 입증할지 모르며 우리로 하여금 간접적으로 이들 이론의 여러 예측들을 증명하거나 또는 반증하도록 도와줄지도 모른다.

실험적으로 대통일이론이나 초끈이론을 입증하기 위해 필요한 에너지는 믿을 수 없을 정도로 크기 때문에 절대적인 증명은 우주의 근원에

---

7) 주: SSC 건설 계획은 미국이 우주정거장 건설에 집중하기로 하여 1993년 취소되었다.

관한 연구 분야인 우주론으로부터 이루어질지도 모른다. 사실, 통일이 이루어지는 에너지 규모는 우주의 태초에서만 가능하다. 이런 뜻에서 통일장이론의 수수께끼를 푼다는 것은 우주의 근원에 관한 수수께끼를 푸는 것이 될 것이다.

그런데 우리가 조금 앞서 나간 것 같다. 우리가 집을 지을 때 우선 기초를 튼튼히 하지 않으면 안 된다. 물리학에서도 역시 마찬가지다. 어떻게 초끈이론이 모든 힘을 묶을 수 있는가를 자세히 다루기 전에 우리는 먼저 '상대성이론은 무엇인가? 물질은 무엇인가? 통일이론이라는 개념은 어디에서 만들어졌는가?'와 같은 몇몇 기본적인 물음에 답해야 한다. 그래서 뒤에 나오는 두 장에서 이들 질문에 초점을 맞추어 다루기로 하자.

## 2. 통일이론의 탐구

역사적으로 과학은 다소 서로 무관하게 발달해왔다.

예를 들면, 중력이론으로 행성들의 운동을 계산했던 I. 뉴턴의 위대한 업적은 양자역학을 통해 원자의 비밀을 파헤쳤던 W. 하이젠베르크(W. Heisenberg)와 E. 슈뢰딩거(E. Schrödinger)의 업적과는 상당히 다르다. 게다가 양자역학에서 필요한 수학이나 원리는 휘어진 공간, 블랙홀 및 대폭발을 설명하는 아인슈타인의 일반상대성이론과 전혀 비슷한 것 같지 않다.

물리학은 서로 다른 특정한 분야에서 활동하는 창조적인 사람들이 서로 다른 수학과 원리를 사용해 다소 무관하게 발달해오고 있는 것처럼 보여왔다.

그러나 통일장이론에서 최근의 발전과 더불어 이들 서로 무관한 분야들을 결합하여 단지 그 부분들의 단순한 합 이상으로 전체를 볼 수 있는 것이 가능하게 되었다. 물론 통일장이론의 탐구가 시작된 것은 최근이며 초창기 연구의 대부분은 근래 15년 정도의 것이지만, 지금 생각하면 이 통일이라는 수미일관(首尾一貫)한 개념에 의해서 많은 과학상의 대발견을 다시 해석하는 것이 가능하게 되었던 것이다.

통일장이론에 의해 생긴 힘찬 추진력 때문에 과학의 역사는 서서히 다시 쓰이고 있다. 먼저 물리학의 사실상의 창시자인 I. 뉴턴과 그가 발견했던 만유인력의 법칙, 즉 수천 년의 인류의 역사를 통해 가장 중요한 발전이었던 법칙으로부터 다시 쓰이고 있다.

### ♦ 하늘과 땅의 통일

뉴턴은 교회와 당시의 지식인들이 다른 두 종류의 법칙을 믿었던 1600년 후반에 살았다. 하늘을 지배하는 법칙은 완전하며 조화로운 반면 지상의 인간은 그것에 비교하여 조잡하고 비천한 물리법칙 아래에 놓여 있다고 믿었다.

달은 완전히 빛나는 구체가 아니라든가, 지구는 태양의 둘레를 돌고 있다고 주장하는 사람들은 교회에 의해 죽임을 당하기도 했다. 예를 들면, G. 브루노(G. Bruno)는 우리의 태양은 다른 한 별이라고 생각했으며, 따라서 "무수한 태양과 그런 태양의 주위를 도는 셀 수 없이 많은 지구가 있다"[8]라고 주장했기 때문에 1600년 로마에서 화형을 당했다. 수십 년 후 위대한 천문학자이며 물리학자인 G. 갈릴레이(G. Galilei)는 죽음에 대

---

8) D. W. Singer, *Giordano Bruno, His Life and Thought*(New York: Abelard-Schuman, 1950), quoted by C. W. Misner, K. S. Thorne, and J. A. Wheeler in *Gravitation*(San Francisco: W. H. Feeman), 755.

한 협박 때문에 지구가 태양 둘레를 돌고 있다는 그의 이단적인 발언을 취소해야만 했다. 그가 재판정에서 그의 과학적 발견을 거부당했을 때도 그는 마음속으로 "그러나 지구는 돌고 있다!"라고 중얼거렸다 한다.

이 모든 것은 공포의 흑사병이 나라 전체를 휩쓸고 있었고 유럽의 모든 대학과 연구소가 문을 닫았기 때문에 케임브리지대학으로부터 집으로 돌아온 23살의 I. 뉴턴에 의해 바뀌기 시작했다.

시간이 충분했던 뉴턴은 땅으로 떨어지는 물체의 운동을 관찰했으며 천재성을 발휘해 모든 낙하체의 궤도를 지배하는 그의 유명한 이론을 생각해냈다.

뉴턴은 그 자신에게 "달도 역시 떨어지는가?"라는 혁명적인 질문을 함으로써 그의 이론을 만들어냈던 것이다.

교회에 따르면 달은 물체를 땅으로 떨어지게 하는 지상의 법칙의 범위에서 벗어나 완전한 하늘의 법칙에 따르기 때문에 하늘에 머물러 있다. 뉴턴의 혁명적인 관측은 중력의 법칙을 하늘까지 확장해갔다. 이 이단적인 생각의 결과가 곧 얻어졌다. 달은 지구의 위성으로 상상 속의 천구의 운동에 의해서가 아니라 바로 그의 중력의 법칙에 의해서 영구히 하늘에 놓여 있다는 것이다. 뉴턴은 어쩌면 돌을 땅으로 떨어지게 하는 법칙에 의해 달 또한 계속해서 떨어지고 있으나, 지구의 곡면이 낙하운동을 정확히 상쇄하기 때문에 달은 결코 지구로 떨어지지 않는다고 생각했는지 모른다.

그의 명저 『프린키피아』에서 뉴턴은 지구를 돌고 있는 위성과 태양을 돌고 있는 행성의 운동을 지배하는 법칙을 먼저 다루었다.

뉴턴은 간단한 그림을 그려서 떨어지는 달이 지구의 위성이라는 개념을 설명했다. 높은 산꼭대기에 서서 돌을 던지면 그 돌은 결국은 땅에 떨어진다. 돌을 더 빠르게 던지면 전보다 더 멀리 가서 떨어진다. 그래서 우리가 충분히 빠른 속도로 돌을 던지면 그 돌이 지구를 돌 것이고 돌은 여러분의 뒤통수를 때릴 것이라고 뉴턴은 생각했다. 지구를 한 바퀴 도는 돌처럼 달도 단순히 지구로 낙하를 계속하고 있는 위성이라는 것이다.

뉴턴에 의해 생각된 이 우아한 그림은 인공위성을 쏘아 올린 것 보다 3세기 앞선 것이었다. 오늘날 우주 탐색의 괄목할 만한 성과, 즉 화성에 착륙했고 목성과 토성을 통과했던 성과는 17세기 후반에 살았던 뉴턴에 의해 쓰여진 법칙에 기인한 것이다.

빠른 연속적 통찰에 의해 뉴턴은 원리적으로 그의 방정식을 이용하여 지구로부터 달까지의 거리와 지구로부터 태양까지의 거리를 대략 계산할 수 있다는 사실을 발견했다. 교회가 계속해서 지구는 하늘에 고정되어 있다는 것을 선전하는 동안 I. 뉴턴은 태양계 자체의 기본촌법(基本寸法)을 계산하고 있었다.

돌이켜보면 뉴턴의 중력법칙 발견은 과학의 역사상 하늘과 땅의 법칙을 하나로 묶는 최초의 통일이론이었던 것이다. 지구 위에 있는 두 물체 사이에 순간적으로 작용하는 것과 같은 중력의 법칙이 인간의 운명을 별들과 연결시키고 있다. 뉴턴 이후 모든 태양계의 운동은 거의 완전한 정확도를 가지고 계산할 수 있게 되었다.

더 나아가 지상의 돌도 천구의 도움이 없이 지구 주위를 돌 수 있다는 것을 보였던 뉴턴의 그림은 그가 그의 이론의 본질을 그림으로 나타낼 수 있다는 것을 명백히 증명하고 있는 것이다. 후에 과학의 커다란 진전 특히 힘의 통일을 나타내는 그런 진전은 그림으로 나타낼 수 있다는 것을 알게 될 것이다. 비록 수학은 불명료하고 피곤할지 모르나 통일이론의 핵심은 항상 도식적으로 매우 간단하게 나타낼 수 있다.

### ♦ 빛이 있으라!

통일에 관한 지식의 두 번째 위대한 도약에는 200년이 걸렸다.

전기와 자기의 통일은 1860년 중반인 미국 남북전쟁 때 이루어졌다. 미합중국이 황폐한 전쟁에 의해 폐허가 되었을 무렵, 대서양을 가로질러서 과학의 세계도 역시 대혼란의 시기를 맞이하고 있었다. 유럽에서 행해진 실험들로 일정한 조건 아래서 자기장이 전기장으로 바뀌며 또한 그 역도 가능하다는 사실이 명백히 밝혀졌다.

수 세기 동안 외양(外洋)의 항해사들의 나침반을 정확하게 움직이는 힘인 자기와 밝게 빛나는 전등에서부터 카펫을 가로질러 걸은 후 문고리를 잡을 때 갑자기 찌릿하게 하는 힘인 전기는 다른 힘이라고 생각해왔다. 그런데 1800년 중엽부터 진동하는 전기장은 자기장을 만들어낼 수 있으며 그 역도 가능하다는 것을 과학자들이 알게 되면서 이 엄밀한 구별은 사라지고 말았다.

이 효과는 집에서도 쉽게 증명해 보일 수 있다. 예를 들면, 막대자석을 전선 코일 가운데로 빨리 밀어 넣으면 전선에 작은 전류를 흐르게 할 수 있다. 따라서 자기장의 변화가 전기장을 만들어낸 것이다. 유사하게 이 코일로 전류를 흘려보내 거꾸로 코일 둘레에 자기장이 생기는 것을 증명할 수도 있다. 따라서 변하는 전기장이 바로 자기장을 만드는 것이다.

변하는 전기장이 자기장을 만들어내며 또한 그 역도 가능한 이런 원리가 바로 집집마다 전기를 이용할 수 있는 이유이기도 하다. 예를 들면, 수력발전소에서는 댐으로부터 떨어지는 물이 터빈에 연결되어 있는 거대한 바퀴를 돌린다. 이 터빈 안에는 자기장 안에서 빠르게 회전하는 거대한 전선 코일이 들어 있다. 전기는 이 코일들이 자기장 속에서 회전할 때 만들어지며, 그 후 이 전기는 수백 마일이나 되는 전선을 통해 우리 집으로 보내진다. 이와 같이 댐에 의해 생성된 자기장의 변화는 전기장으로 바뀌어져 우리 가정에 보내지게 된다.

그러나 1860년에는 이 효과를 거의 이해하지 못했다. 케임브리지 대학의 무명의 30세인 스코틀랜드 출신의 물리학자 J. C. 맥스웰(J. C. Maxwell)은 용감하게도 그 당시의 일반적인 관점에 도전해 전기와 자기는 결코 다른 힘이 아니며 단지 같은 동전의 두 다른 면일 뿐이라는 것을 주장했다. 사실 이 약관의 젊은 학자가 19세기 최대의 발견을 했던 것이다.

전기와 자기는 모든 공간에 충만해 있는 '역장(力場)'으로 연속적으로 방사되는 무수히 많은 화살표에 의해 나타낼 수 있다. 예를 들면, 막대자석에 의해 생긴 역장은 거미줄처럼 공간에 퍼지며 가까이 있는 금속을 끌어당길 수 있다. 그런데 맥스웰은 여기에서 한 걸음 더 나아가 전 기장과 자기장이 함께 정확히 같은 주파수로 진동하는 것이 가능해 이들이 어떤 외적인 도움 없이 스스로 공간을 진행해 갈 수 있는 파동을 만들어낸다는 것을 주장했다.

위에서 한 설명을 바탕으로 여러분은 다음과 같은 시나리오를 그려볼 수 있을 것이다. 만일 진동하는 자기장이 전기장을 만들어내고 이어서 이 전기장이 진동하여 그 결과 다른 자기장을 만들어내는 것을 계속 반복한다면 무슨 일이 일어나겠는가? 그런 진동하는 전기장과 자기장의 무한한 연속이 파동처럼 스스로 퍼지지 않겠는가?

뉴턴의 중력법칙과 마찬가지로 그 착상의 정수는 단순하며 그림으로도 나타낼 수 있다. 예를 들어, 도미노 게임의 길게 늘어선 모습을 그려보라. 맨 앞의 도미노를 넘어뜨리면 도미노가 물결처럼 넘어진다. 그러나 여기서 도미노들은 검은색과 흰색의 두 종류이며 이 두 색깔의 도미노가 교대로 배열되어 있는 것이다. 만일 흰색의 도미노만을 남기고 검은색의 도미노들을 빼낸다면 파동은 더 이상 전달될 수 없다. 우리는 전달되는 파동을 얻기 위해 도미노를 넘어뜨리는 흰 도미노와 검은 도미노와의 상호작용이 쓰러지는 도미노의 파동을 가능하게 하는 것이다.

이와 마찬가지로 진동하는 자기장과 전기장의 상호작용이 파동을 만들어낸다는 것을 맥스웰이 발견했던 것이다. 그는 전기장이나 자기장 혼자만으로는, 검은 도미노나 흰 도미노만으로 파를 만들 수 없었던 것처럼, 이런 파동을 일으킬 수 없다는 것을 알아냈던 것이다.

단지 전기장과 자기장 사이의 교묘한 상호작용만이 이런 파동을 만들어낼 수 있다는 것이다.

그러나 당시 대부분의 물리학자에게는 이런 파동들을 전파시킬 매개물질인 '에테르'가 없었기 때문에 이런 생각이 불합리하다고 생각했던 것 같다. 왜냐하면 전기장과 자기장이 물질에서 분리되어 매개하는 매질 없이 그들 스스로 움직이고 있었기 때문이다.

그러나 맥스웰은 걱정하지 않았다. 그의 방정식을 이용해 이 파동의 속도가 특정한 값을 갖는다는 사실을 유도해냈다. 그 스스로도 굉장히 놀랬지만 그 값은 바로 빛의 속도였던 것이다.

결론은 너무 명백했다.

맥스웰은 자기도 모르는 사이에 빛 자체의 비밀을 파헤쳤던 것이다. 빛은 단지 전기장이 자기장으로 바뀌는 과정의 연속이었던 것이었다. 진동하는 장들의 연속적인 연주에 의해 맥스웰은 자연의 깊은 비밀 중 하나를 밝혀냈던 것이다.

이것은 뉴턴이 발견한 만유인력의 법칙에 버금가는 환상적인 발견이었다. 아주 우연히 맥스웰은 그의 방정식으로부터 빛의 원래 성질이 전자기파였다는 것을 발견했다. 따라서 그는 진정한 통일장이론을 발견한 최초의 사람이 되었다.

맥스웰이 죽은 지 10년이 지난 1889년 H. 헤르츠(H. Hertz)는 전기적 스파크를 발생시켰고 그렇게 만들어진 전자기파를 실수 없이 멀리 떨어진 곳에서 검출할 수 있게 했다. 바로 맥스웰이 예언했던 것처럼 헤르츠는 이 파들이 에테르 없이 그 스스로 전파된다는 것을 증명한 것이다.

결국 헤르츠에 의해 처음으로 시도되었던 조잡한 실험이 지금은 '라디오'라고 부르는 거대한 산업으로 성장하게 되었다.

새로운 길을 개척한 맥스웰의 연구 덕택으로 빛은 빠르게 서로 바뀌면서 진동하는 전기장과 자기장에 의해 생기는 전자기력이라는 것을 알게 되었다. 레이더, 적외선, 자외선, 라디오, 마이크로파, 텔레비전 및 엑스선은 단지 전자기파의 서로 다른 꼴인 것이다. 예를 들면, 여러분이 좋아하는 라디오 방송국 이를테면 주파수가 95.9인 다이얼을 돌리면 그 라디오파에 해당하는 전기장과 자기장은 초당 9,590만 회의 비율로 서로 바뀐다.

불행하게도 맥스웰은 이 이론을 제안한 후, 즉시 죽었기 때문에 그가 창조한 이론의 위대함을 맛보지는 못했다.

그러나 똑똑한 물리학자라면 1860년대에도 맥스웰 방정식은 기괴하리만큼 공간과 시간의 왜곡이 불가결하다는 것을 알아차렸을 것이다. 맥스웰 방정식은 공간과 시간을 기술하는 방법이 뉴턴의 이론과는 근본적으로 달랐다. 뉴턴의 경우, 시간의 맥동(脈動) 속도는 우주의 어디에서나 일정한 간격이므로 지구에서의 시계나 달에서의 시계나 모두 똑같은 속도로 시간을 잰다. 즉, 뉴턴의 우주에서는 모든 시계가 똑같이 움직이는 것이다. 그러나 맥스웰 방정식은 어떤 조건 아래서 시계가 천천히 갈 수 있다는 것을 예언했다.

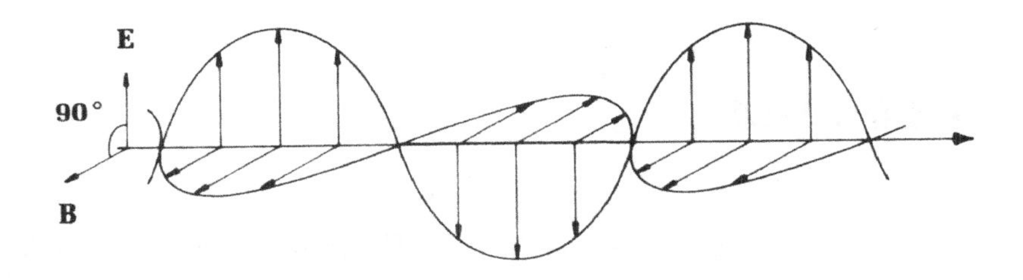


맥스웰 이론에 따르면 빛은 같은 주파수를 가지고 진동하는 전기장(E)과 자기장(B)으로 이루어져 있다. 이 그림에서 전기장은 수직으로 진동하는 반면 자기장은 수평으로 진동하고 있다.

과학자들은 움직이는 우주선에 놓여 있는 시계가 지구상의 시계보다 천천히 가야 한다는 것을 맥스웰 이론이 예측하고 있다는 것을 알아차리지 못했던 것이다. 처음에는 이것이 완전히 불합리하다고 믿었다. 즉, 시간 경과의 일원성은 뉴턴 체계의 기초 중의 하나였기 때문이다. 그럼에도 불구하고 맥스웰 방정식은 이 이상한 시간 왜곡 현상을 필요로 했던 것이다.

그러나 반세기 동안 맥스웰 방정식의 이 이상한 행동은 과학자들에 의해 경시되어왔다. 1905년이 되어서야 한 물리학자가 맥스웰 이론에서 예언했던 이 심원한 시간과 공간의 왜곡을 이해하게 되었다. 그 물리학자가 A. 아인슈타인이며, 그가 만든 이론은 인류 역사의 흐름을 바꾼 특수상대성이론이었다.

## ♦ 실업자의 혁명

아인슈타인은 일생을 통해 우리가 우주를 이해하는 방법을 획기적으로 뒤바뀌게 하는 많은 개념을 발표했다. 그러나 그의 업적을 총체적으로 요약한다면 그의 업적을 세 가지의 이론으로 크게 나눌 수 있다. 즉, 특수상대성이론, 일반상대성이론 및 그렇게도 바랐던 미완성의 통일장이론이다.

그는 불과 26살이던 1905년, 그의 위대한 첫 이론인 특수상대성이론을 발표했다. 과학 세계에 이렇게 큰 충격을 가져온 인물로서는 출신이 가난했다.

1900년, 미래의 세계적으로 저명한 물리학자는 직업도 없었고 운도 없었다. 보다 잘 알려진 물리학자들은 유명한 대학에서 편안히 강의를 한 반면 아인슈타인은 많은 대학으로부터 강사 자리를 얻지 못하고 있었다. 취리히 공대를 졸업할 무렵 그는 시간 강사를 하며 간신히 연명하고 있었다. 이런 아들의 의기소침에 대해 그의 아버지는 다음과 같이 술회했다. "내 아들은 자리를 얻지 못하고 있어 매우 불행하게 느끼고 있다. 하루하루 그는 자기의 인생이 목표를 잃어가고 있다고 강하게 느꼈다. …가난한 우리에게 부담이 된다는 의식이 무겁게 짓누르고 있다."[9]

1902년 겨우 친구의 도움으로 그는 그의 아내와 아이를 부양하기 위해 스위스 베른에 있는 특허국에서 보잘것없는 일을 하게 되었다. 비록 아인슈타인이 특허국에서 일을 하기에는 능력이 아깝다고 생각할는지 모르나 돌이켜보면 여기서 놀랍게도 그의 목적을 이루었던 것이다.

첫째로 이곳은 아인슈타인에게 있어서 그가 연구해오던 시간과 공간에 관한 큰 물음을 깊게 생각하기에 조용한 은신처였던 것이다. 둘째로 특허국에서 하는 일은 그로 하여금 가끔은 발명가들의 정확한 제안들로부터 핵심 개념을 이끌어내야만 하는 것이었다. 이것이 그로 하여금 그 이전의 뉴턴이나 맥스웰처럼, 어떻게 물리적인 이미지를 사용해서 생각하며 이론의 요점이 되는 중요한 개념을 틀리지 않게 파악하는가 하는 것을 익히게 했던 것이다.

특허국에서 아인슈타인은 어린 시절부터 마음에 두고 있던 문제를 다시 생각했다. 그는 만일 그가 빛의 속도로 빛을 따라간다면 빛은 어떻게 보일 것인가에 의문을 가졌다. 처음에는 빛의 파동이 시간 축에 고정되어 있기 때문에 전기장과 자기장의 정상파(定常波)를 볼 수 있을 것이라고 생각했다. 그런데 아인슈타인은 공과대학에서 맥스웰 방정식을 배웠을 때, 맥스웰 방정식으로부터 정상파를 주는 풀이를 얻을 수 없는 것을 알고는 매우 놀랐다. 실제로 맥스웰 방정식은 이해하기가 꽤 어렵겠지만 빛

---

9) Abraham Pais, "*Subtle Is the Lord*…"(Oxford: Oxford University Press, 1982) 45.

은 반드시 같은 속도로 움직인다는 것을 예언한다. 심지어는 인간이 아무리 빠른 속도로 움직일지라도 빛은 똑같은 속도로 그를 앞지르며, 정지된 빛의 파동을 보는 것은 불가능한 것이다.

언뜻 보면 이것은 매우 단순한 것처럼 보인다. 맥스웰 방정식에 의하면 지상에 정지해 있는 과학자와 움직이고 있는 우주선에 있는 과학자가 빛의 속도를 측정하면 같다는 것을 뜻한다. 아마 1860년대에 이 이론을 발견한 맥스웰 자신도 이 사실을 알았을 것이다. 그러나 오직 아인슈타인만이 이런 사실의 특이한 중요성을 인식했던 것이다. 오직 아인슈타인만이 우리들이 가지고 있던 시간과 공간에 대한 개념을 바꾸어야 한다는 것을 알아차렸던 것이다. 그러나 아인슈타인조차도 이 사실이 원자폭탄과 수소폭탄의 개발로 이어질 줄은 몰랐다.

1905년 아인슈타인은 드디어 빛에 관한 맥스웰 이론 뒤에 숨겨져 있던 수수께끼를 풀었다. 그 과정에서 그는 수천 년 동안 내려오던 공간과 시간에 관한 개념을 뒤바꿔놓았다.

편의상 빛의 속도를 시속 101킬로미터라 하자. 그렇게 했을 때 시속 100킬로미터의 기차를 빛과 나란히 달려가게 할 수 있다고 하자. 이렇게 하면 이 기차에 타고 있는 과학자에게 빛 속도는 (시속 101킬로미터에서 시속 100킬로미터를 빼면 되기 때문에) 시속 1킬로미터로 측정되어야 한다. 그러면 여유 있게 빛의 내부구조를 자세히 연구할 수 있게 될 것이다.

그러나 맥스웰 방정식에 의하면 시속 100킬로미터로 움직이는 과학자는 빛 속도가 시속 1킬로미터가 아니라 시속 101킬로미터라는 것을 측정하게 된다는 것이다. 어떻게 이런 것이 가능한가? 어떻게 기차에 탄 과학자에게도 빛의 속도가 그렇게 빠르게 보이는 것일까?

### ♦ 시간과 공간의 통일

이 문제에 관한 아인슈타인의 풀이는 매우 기묘하나 맞는 것이다. 그가 생각하기에는 기차 안에 있는 시계가 지상의 시계보다 천천히 가며 기차 안에 있는 막대기는 그 길이가 줄어든다는 것이다. 이것은 기차에 탄 과학자의 뇌의 움직임이 지상에 있는 과학자의 뇌의 움직임보다 느리다는 것을 뜻한다. 지상의 사람이 보듯이 기차에 탄 과학자는 시속 1킬로미터로 움직이는 빛을 측정해야 하나 실제로 과학자는 (기차 안의 모든 것을 포함해) 움직임이 느려지기 때문에 빛의 속도를 시속 101킬로미터로 측정하는 것이다.

고속의 물체에 대해서 시간은 느리게 가고 길이는 줄어든다는 상대성 이론의 결과들은 상식에 어긋나는 것처럼 보인다. 그러나 이것은 상식이 빛의 속도와는 무관한 사실들과 주로 관계되어 있기 때문이다. 인간은 빛의 속도보다 훨씬 느린 시속 5킬로미터로 걷는다. 그래서 사실상 인간은 빛 속도는 무한하다는 직관적인 가정을 하고 행동하고 있다. 빛이 1초에 지구 둘레를 7번 돌 수 있다는 관점에서 보면 눈 깜짝할 사이에 움직인다고도 할 수 있다.

그러나 빛의 속도가 평균 보행자 속도인 시속 5킬로미터의 세계를 그려보자. 만일 빛의 속도가 시속 5킬로미터라면 시간과 공간이 매우 왜곡되어 있다는 것은 상식일 것이다.

예를 들면, 자동차의 속도를 시속 5킬로미터 이하로 억제하는 데는 교통경찰은 필요 없다. 혼잡한 고속도로 위에서 시속 5킬로미터에 접근한 차는 팬케이크와 같이 평평하게 된다. 단, 기묘한 효과에 의해 이 축소된 차는 주위 사람들의 눈에는 평평하게 보이지 않고 회전하고 있는 것같이 보인다. 게다가 이 차 안에서 평평하게 된 사람들은 몸을 움직이지 않으며 시간이 얼어붙은 것같이 보인다. 이것은 차가 속도를 높이면 시간이 느려지기 때문이다. 그러나 이 평평하게 된 자동차가 신호에 의해 속도를 줄이면 점차 원래의 길이까지 되돌아가고 차 안에서의 시간도 정상으로 돌아간다.

아인슈타인의 혁신적인 논문이 1905년에 처음 발표되었을 때 이 논문은 거의 무시되었다. 실제로 그는 베른대학에서의 교직을 얻기 위해 이 논문을 투고했으나 이 논문은 거부당했다. 절대공간과 절대시간에 관한 개념을 배웠던 고전적인 뉴턴적 물리학자에게는 아인슈타인의 제안은 맥스웰 방정식의 패러독스에 관한 최대의 극단적인 풀이었을 것이다. 불과 몇 년 후 아인슈타인 이론을 입증하는 실험적인 증거가 얻어지자 과학계는 그 논문에 담긴 개념이 천재적 발상이라는 것을 깨달았다.

수십 년 후 특수상대성이론의 발견에 맥스웰 이론이 중요했다는 것에 감사하며 그는 다음과 같이 분명히 말했다. "특수상대성이론의 기원은 맥스웰의 전자기장 방정식이었다."[10]

그러나 돌이켜보면 아인슈타인이 누구보다도 깊이 맥스웰 이론을 이해했던 것은, 그가 통일이론의 원리를 파악해 물질과 에너지뿐만 아니라 공간과 시간과 같은 겉으로는 이질적인 대상을 연결하는 통일적인 대칭성[11]이 숨어 있다는 것을 이해하고 있었기 때문이다. 뉴턴이 지구와 천공의 물리가 그의 만유인력 법칙에 의해 통일될 수 있다는 것을 발견했고 맥스웰이 전기와 자기를 하나로 묶을 수 있다는 것을 발견했던 것같이 아인슈타인의 기여는 시간과 공간을 통일한 것이었다.

이 이론은 공간과 시간이 과학자들이 시공간이라 부르는 하나의 실체로 표현된다는 것을 입증했으며 더 나아가 이 이론은 공간과 시간뿐만 아니라 물질과 에너지의 개념도 통일하였다.

언뜻 보면 아무렇게나 생긴 아무 쓸모 없는 것 같은 바윗덩어리라도 빛나는 광선으로 바뀔 수도 있다. 그러나 외견만 보고는 알 수 없다.

일정 조건 아래서 돌덩이(우라늄)는 빛(핵폭발)으로 바뀔 수 있다는 것을 최초로 보인 것은 아인슈타인이었다. 물질의 에너지로의 변환은 원자의 분열에 의한 것으로 이것에 의해 핵 내에 저장된 거대한 에너지가 방출되어진다. 상대성이론의 본질은 물질이 에너지로 바뀌거나 또는 그

---

10) 같은 책, 45.

11) 물리학자에게는 대칭성에 대한 정확한 뜻이 있다. 즉, 만일 방정식의 성분을 섞거나 돌려도 방정식 자체가 변하지 않으면 그 식은 대칭을 가지고 있다는 것이다. 대칭은 물리학자들이 통일적인 이론을 구성할 때 가장 강력한 수단이 되며 보다 자세한 것은 6장에서 다루었다.

역이 가능하다는 아인슈타인의 인식에 있는 것이다.

## ♦ 우주의 왜곡

아인슈타인의 특수상대성이론은 그가 제안하고 몇 년이 지난 후에 폭넓게 인식되었으나 아인슈타인은 그 이론에 만족하지 않았다. 그에게 있어서 이 이론은 아직 미완성이며 무엇보다도 장애가 되는 것은 중력이 쓸모없이 되었다는 것이다. 뉴턴의 만유인력 법칙은 특수상대성이론의 기본원리에 위배된다고 생각했던 것이다.

예를 들면, 태양이 갑자기 사라진다면 어떤 일이 일어나겠는가를 상상해보라. 지구가 궤도를 벗어나는 데 얼마나 오랜 시간이 걸리겠는가? 뉴턴의 이론에 따르면 만일 태양이 갑자기 사라진다면 지구는 완전히 태양계를 벗어나 순식간에 깊은 우주를 향해 날아갈 것이다. 아인슈타인에게 이 결론은 받아들일 수 없는 것이었다. 중력을 포함해 어느 것도 빛의 속도보다 빠르게 갈 수 없는 것이기 때문에 지구가 궤도를 벗어나는 데에는 태양빛이 지구까지 도달하는 데 걸리는 시간인 8분 정도 걸리게 된다는 것이다. 물론 이것을 위해 새로운 중력이론이 필요한 것이다. 뉴턴의 중력이론은 우주의 절대속도인 빛의 속도에 대해 아무런 관계도 없기 때문에 틀린 이론인 것이다.

이 수수께끼에 대해 1915년에 아인슈타인이 제안한 풀이는 일반상대성이론으로 이 이론은 중력을 시공간과 물질에너지 개념을 밀접하게 연결해 설명한 것이다.

비록 방정식에 쓰이는 수학이 복잡할지라도 다시 한번 이 이론은 단순한 물리적 개념에 의해 요약할 수 있다.

가운데에 무거운 쇠구슬이 놓여 있는 탄력 있는 매트리스를 상상해보자. 자연스럽게 쇠구슬의 무게 때문에 매트리스가 가라앉을 것이다. 이제 휘어진 매트리스의 면을 따라 움직이는 작은 돌구슬을 생각해보자. 직선을 따라 움직이는 대신 이 돌구슬은 쇠구슬에 의해 꺼진 둘레를 원 궤도 운동을 하면서 움직일 것이다.

뉴턴에 따르면 누구나 쇠구슬과 돌구슬 사이에 보이지 않는 힘이 미치고 있다고 생각할 것이다. 그러나 아인슈타인에 따르면 매우 쉽게 해석할 수 있다. 즉, 쇠구슬에 의해 매트리스의 면이 휘어져 있기 때문에 돌구슬이 원운동을 하게 된다는 것이다.

이제 실제로 쇠구슬은 태양이고 돌구슬은 지구이며 탄력 있는 매트리스는 시공간이라 생각해보자. 그러면 중력이 결코 힘이 아니며 단지 물질에너지(태양)의 존재에 기인해 시공간이 휘어졌다는 것을 명백하게 알 것이다.

만일 쇠구슬이 갑자기 탄력 있는 매트리스에서 제거된다면 그로 인해 진동이 매트리스의 면을 따라 파동처럼 전파될 것이다. 잠시 후에 파동은 돌구슬을 때릴 것이며 돌구슬의 궤도는 변화될 것이다. 따라서 이것이 태양이 갑자기 사라진다면 무슨 일이 일어나겠는가 하는 문제의 풀이인 것이다.

빛의 속도로 전파되는 중력파는 태양이 사라진 후 8분이 지나서야 지구에 도달하게 될 것이다. 이것으로 중력이론과 상대성이론은 모순되지 않는 것이다.

## ◆ 극적인 증거

또다시 많은 물리학자들은 아인슈타인의 새 이론을 의심스럽게 바라보았다. 이미 우리가 4차원 시공간 연속체 속에 살고 있다는 아인슈타인의 말로부터 동요되고 있던 물리학자들이 이번에는 이 연속체가 물질-에너지의 존재에 의해 휘어져 있다는 더더욱 믿기 어려운 이론에 직면하게 되었던 것이다.

그러나 1919년 5월 29일 아인슈타인의 상대성이론은 개기 일식이 일어나고 있던 브라질과 아프리카에서 극적인 검증을 받게 되었다. 아인슈타인의 이론에 의하면 빛이 태양 둘레를 지나갈 때 물질처럼 그 경로가 휘어진다는 것이다(그림 참조).

이것은 태양의 거대한 물질-에너지가 시공간을 약간 휘게 할 수 있다는 것을 뜻하는 것이다. 태양 근처에서 별빛이 휘는 것은 이 개념의 극적인 검증이었던 것이다.

이 별빛의 경로가 휘어진 정도는 밤에 관찰한 별빛의 위치와 일식이 일어났을 때 낮에 본 별의 위치를 비교해 측정되었다. 관측대가 태양의 존재에 의해 별빛이 휘었다는 것을 측정해 일반상대성원리가 입증되었다는 것이 세계적으로 신문의 제1면에 보도되었다.

아인슈타인은 물리적 이미지와 방정식이 옳다고 굳게 믿었기 때문에 실험의 결과에 대해 그다지 놀라지 않았다. 그해 한 제자가 "만일 실험이 실패했다면 당신은 어떻게 대처했을 것입니까?"하고 아인슈타인에게 물었다. 그러자 "그랬다면 나는 신께 미안했을 것이다. 그러나 내 이론은 옳은 것이다"[12]라고 대답했다.

사실 아인슈타인은 이런 정밀한 물리법칙과 아름다운 대칭성에 기초를 둔 이론을 구상했을 때 자신감을 가졌고, 노벨상을 받기 몇 년 전에 전 부인에게 상금의 일부를 위자료로 줄 것을 약속했다. 아인슈타인이 드디어 1921년 노벨 물리학상을 받게 되었을 때, 노벨상 위원회는 비록 유리한 과학적 자료들이 많았으나 아인슈타인의 상대성이론에 관해서 완전히 분열되어 있었기 때문에 그는 광전효과에 관한 이론으로 상을 받게 되었다.

오늘날 중력에 기인해 빛이 휘는 것은 태양 근처로 빛을 보내지 않고도 실험실에서 실제로 측정할 수 있게 되었다. 1959년과 1965년에 또다시 하버드대학 교수 R. 파운드(R. Pound)와 그의 동료들은 전자기 복사파인 감마선이 길이가 22미터인 건물 위에서 바닥에 도달했을 때 중력에

12) S. Chandrasekhar, "Einstein and General Relativity: Historical Perspectives," *American Journal of Physics*(March 1979): 216.

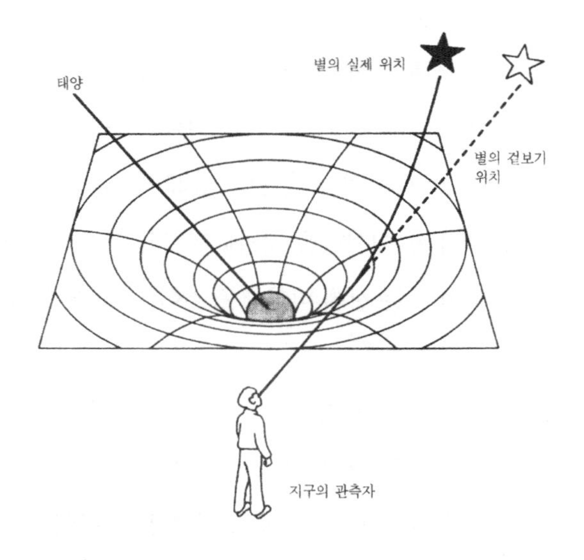


아인슈타인에 따르면 태양이 실제로 그 근처의 시공간을 휘게 하기 때문에 중력에 의해 별빛의 경로가 휘게 되는 것이다. 이 그림에서 지구에서 관찰할 때 검은 별은 별의 실제 위치를 뜻하며 흰 별은 겉보기 위치를 뜻한다.

의해 감마선의 파장이 환상적인 정도로 적지만 측정 가능한 양, 즉 아인슈타인에 의해 예견된 양인 100조분의 1만큼 변했다는 것을 보였다.

비록 아인슈타인 이론의 성공을 천재성에 의한 것이라고 그해에 유행되었지만 지금에 와서 보면 일반상대성이론을 통일이라는 관점에서 고찰할 수 있다. 아인슈타인의 방법도 역시 우주라는 통일체 안에 있는 서로 다른 두 개념을 연결하는 숨겨진 물리적 원리를 발견했다는 점에서 뉴턴이나 맥스웰의 방법과 같은 것이다.

### ◆ 혁명에서 유물까지

시공간과 중력에 관한 이론의 성공에 힘입어 아인슈타인은 보다 큰 일, 즉 그의 기하학적인 중력이론과 빛에 관한 맥스웰 이론을 하나로 묶는 통일장이론을 만들려고 했다.

아이러니하게도 세상은 A. 아인슈타인이 우주의 비밀을 꿰뚫으려 했던 점에서 I. 뉴턴에 필적한다고 생각하고 있지만, 대부분은 그가 외롭게 좌절하면서도 통일장이론에 관해 완전히 쓸데없는 탐구로 그 생애의 마지막 30년을 보낸 것은 잘 알지 못한다. 1940년대와 1950년대에는 많은 물리학자들이 아인슈타인은 이미 내리막길이라고 선언했다. 그들은 그가 고립되어 현실과 동떨어져 있으며 원자물리학에서의 새로운 발견, 즉 양자론을 모른다고 하였다. 심지어는 그를 무모하게 성배를 쫓고 있는 늙어빠진 광인이라고 하며 그의 등 뒤에서 비웃는 사람까지 생겼다. 또한 아인슈타인이 일했던 고등 이론연구소 소장이었던 J. R. 오펜하이머(J. R. Oppenheimer)까지도 그의 동료들에게 기회가 있을 때마다 아인슈타인의 탐구는 쓸모없는 짓이라고 말했다.

아인슈타인 자신도 인정하고 있었다. "나는 해를 더해가면서 눈도 귀도 약해지고 점차 일종의 완고한 노인으로 취급되고 있다."[13]

죽기 전 수년 동안 그는 원자물리학에서의 새로운 발전과 양자론에

---

13) Pais, "*Subtle Is the Lord*⋯" 462.

등을 돌리고 통일장이론에 완전히 빠져들었기 때문에 그의 동료 물리학자들로부터 거의 완전히 고립되었다. 1954년 그는 다음과 같이 말하기도 했다. "나는 악마 같은 양자와 마주 대하기 싫어 상대성이론의 모래 속에 영원히 머리를 파묻고 있는 타조와 같다."[14] 사실 근시안적이며 마음이 좁다고 생각했던 몇몇 친구들에 대한 그의 좌절을 다음과 같이 쓰고 있다. "나무판을 손에 쥐었을 때 제일 얇은 부분을 찾아 잔뜩 구멍을 뚫는 과학자들에 대해서는 참을 수 없다." 그는 또한 한번은 비서에게 100년쯤 후에 물리학자들은 그의 불멸의 업적을 바르게 평가할 것이나 지금 세대의 물리학자들은 그렇지 못할 것이라고 말하기도 했다. 그렇지만 그는 자주 고독감에 그렇게 많이 고민하고 있었던 것은 아니다. 한번은 "나 같은 남자에게 있어서 가장 중요한 일은, 생각하고 있는 내용과 생각하는 방법이며 하고 있는 것과 경험하고 있는 것은 아니다."[15]라고 말하기도 했다.

그러는 가운데 대부분의 물리학자들은 시기상조 또는 불가능하다고 생각했지만 빛과 중력을 하나로 묶으려는 시도 대신에 과학의 세계는 원자물리학 및 핵물리학의 탄생인 완전히 새로운 방향으로 정착되었다.

역사상 원폭의 폭발과 같은 중대한 사건을 예고하면서 등장했던 과학의 새로운 분야는 지금까지 없었다. 연필과 종이를 가지고 조용히 연구하

---

14) 같은 책, 465.
15) 같은 책, 462.

던 몇몇 물리학자들의 추상적인 연구가 갑자기 인류 역사의 과정을 바꾸기 시작했다. 뉴멕시코에 있는 로스앨러모스국립연구소와 같은 장소에서 근무하는 손꼽을 만한 사람들에 의해 단지 이해되었던 불가사의한 방정식이 갑자기 세계의 역사를 결정하는 힘이 되었다.

1930년대에서부터 1950년대까지 물리학의 주류는 상대성이론이나 통일장이론이 아니고 양자론에서의 괄목할 만한 발전이었다. 코펜하겐의 N. 보어나 괴팅겐의 W. 하이젠베르크 같은 아인슈타인의 동료 대부분은 원자나 핵의 현상을 기술하는 수학적 언어, 즉 양자역학을 구성하는 데 바빴다. 그 사이에 아인슈타인은 사실상 홀로 빛과 중력의 통일을 추구했다.

양자역학을 거부했던 것은 아인슈타인 생애의 최대의 실책이었다고 말하는 사람들도 있다. 그러나 이것은 아인슈타인의 과학적 사고를 거의 모르는 많은 과학사가(科學史家)나 잡지 관계자에 의해 거론되고 있는 신화에 불과한 것이다. 이 같은 신화가 살아남아 있는 것은 단지 과학사가들이 통일장이론의 기술에 쓰여지고 있는 수학을 잘 모르기 때문이다.

40년 전에 출간된 아인슈타인의 논문을 주의 깊게 읽어보면 아인슈타인이 얼마나 시대에 뒤떨어졌는가가 아니고 그의 접근 방법이 놀랍게도 현대적이었다는 것을 알게 된다. 이들 논문에는 아인슈타인이 결국에는 양자역학의 타당성을 받아들이고 있는 것이 명백하게 나타나 있다. 그러나 아인슈타인의 개인적인 신념은 뉴턴의 중력이론이 틀린 것이 아니라 단지 불완전하다는 것처럼 양자역학도 불완전한 이론이라는 것이었다.

아인슈타인은 양자역학이 매우 성공을 거두고는 있으나 결정적인 이론은 아니라고 믿고 있었다. 과학자 이외의 사람들과 과학사가들에 의해 대부분 무시되어온 그의 말년의 과학적 연구는 그가 통일장이론이 부산물로서 자동적으로 양자역학의 주요 부분을 설명할 수 있다고 믿었던 것을 보여주고 있다. 아인슈타인의 원자는 단지 그의 기하적인 중력이론과 빛에 관한 풀이로 주어질 것이라 생각했다.

그러나 자연에 존재하는 힘은 어떤 물리적인 원리나 대칭에 의해 궁극적으로는 하나로 통일되어야 한다는 신념을 외롭게 추구하다 세상을 떠났다. 심지어 그가 죽은 지 30년이 지나도 그의 전기 작가들 대부분은 그의 만년의 물리연구를 생략했으며, 통일장이론을 탐색했던 막다른 오솔길을 무시하고 대신에 핵 군축에 관한 헌신에 대해서밖에 쓰지 않고 있다.

## ◆ 아인슈타인의 실수

비록 물리학자들이 네 가지 기본적인 힘들을 하나의 완전한 이론으로 통일시키는 데 필요한 세세한 전부를 완전히 이해하지 못했을지라도 왜 아인슈타인이 통일장이론과 그렇게 오랫동안 힘든 씨름을 했는지를 이해한다. 아인슈타인이 어디서 틀렸는지는 알고 있는 것이다.

아인슈타인은 한번은 상대성이론에서 우주의 도처에 서로 다른 속도로 시간을 재는 시계를 놓아두었으나, 실생활에서는 집에 시계를 사다 놓을 여유가 없었다고 말했다.

이와 같은 아인슈타인의 말 가운데에 대발견으로 이르는 길로의 수단이 나타나 있다. 그는 항상 구체적인 물리적 이미지에 대해 생각했었다. 수학은 얼마나 추상적이며 난해하든 간에 뒤에 등장하는 것이며, 주로 이러한 물리적 이미지를 정밀한 언어로 번역하기 위한 도구인 것이다. 물리적인 이미지는 일반 대중에게도 이해할 수 있을 만큼 단순하며 우아하다고 그는 확신했다. 수학은 추상적일지 모르나 물리적인 이미지는 항상 본질을 말하고 있다는 것이다.

어떤 아인슈타인의 전기 작가는 "아인슈타인은 항상 가능한 단순한 착상으로부터 시작해서 그로부터 문제의 해결 방법을 말하고 그것을 적절한 상황으로 끌고 간다. 이 직관적인 방법은 거의 그림을 그리는 것에 가깝다. 지식과 이해의 차이를 나에게 가르쳐 주는 경험이었다"[16)]라고 술회하고 있다.

아인슈타인은 놀라울 정도로 세심한 통찰력에 의해 모든 것을 단순한 물리적 이미지로 보기 때문에 다른 사람들보다 앞을 내다볼 수가 있었던 것이다. 그가 상대성이론을 제안할 수 있었던 것은 그의 위대한 회화적인 통찰력 때문이었다. 30년에 걸쳐 아인슈타인이 물리학계의 거봉이었던 것은 그의 물리적인 이미지와 개념을 생각하는 능력이 정확했기 때문이었다.

---

16) E. H. Hutten, quoted by A. P. French, ed., *Einstein: A Centenary Volume*(Cambridge: Harvard University Press, 1979), 254.

그러나 아이러니컬하게도 아인슈타인이 죽기 전 30년간 통일장이론을 만들어내는 데 실패한 것은, 주로 그가 개념적으로 생각하는 방법을 버리고 확실한 이미지 없이 애매한 수학에 의존했기 때문이다.

물론 아인슈타인은 그에게 지침이 될 만한 물리법칙이 없었다는 사실을 알고 있었다. 그래서 한 번은 "정말로 발전을 위해서는 자연으로부터 보다 일반적인 법칙을 도출해내지 않으면 안 된다"[17]라고 쓰기도 했다. 그러나 그가 열심히 노력할지라도 새로운 물리법칙을 생각해낼 수 없었다. 그래서 그는 점차 물리적인 의미는 전혀 없는 기괴한 수학적 구조인 휜기하학이라는 순수 수학적인 개념으로 빠져들어갔던 것이다. 독창적인 자기의 길에서 벗어났기 때문에 그는 결국 자신의 연구의 핵심이었던 통일장이론을 만드는 데 실패했던 것이다.

지금 생각해보면 초끈이론이 오랫동안 아인슈타인의 눈에서 벗어나 있던 물리적인 틀일지도 모른다. 초끈이론은 무한한 종류의 입자를 진동하는 끈의 상태로 다루면서 매우 도식적이다. 만일 초끈이론이 그 이론대로 행동한다면, 또 한 번 가장 심원한 물리적 이론들은 놀라울 정도로 단순한 꼴을 가지며 도식적으로 요약될 수 있다는 것을 알게 될 것이다.

아인슈타인이 통일이론을 추구했던 것은 옳았다. 모든 힘을 통일하는 근본에는 대칭성이 숨겨져 있다는 것을 그는 확신했다. 그러나 중력을 핵력과 통일하려 하지 않고 전자기력(빛)과 통일하려 했던 전술은 틀렸던

17) Letter to H. Weyl, June 6, 1922, quoted by Pais, "*Subtle Is the Lord*···" 328.

것이었다. 이들 두 힘이 생애를 통해 활발한 연구의 대상이었기 때문에 아인슈타인이 이들 두 힘을 통일하려고 했던 것은 당연한 일이었다. 그러므로 아인슈타인이 당시 네 가지 힘 가운데 가장 몰랐던 핵력을 의식적으로 피했던 것은 오히려 이해할 만하다고 생각된다. 한편 그는 핵력을 기술하는 이론, 즉 양자역학에도 익숙하지 못했다.

상대성이론이 에너지, 중력 및 시공간의 비밀을 밝혀낸 반면, 20세기를 풍미한 또 하나의 이론인 양자역학은 물질에 관한 이론이다. 간단히 말해서 양자역학은 파동과 입자라는 이중성을 통일함에 의해 원자물리학을 성공적으로 기술한다. 그러나 현재의 물리학자와는 달리 아인슈타인은 상대성이론과 양자역학과의 밀접한 결합에 통일장이론의 열쇠가 있는 것은 몰랐다.

아인슈타인은 힘의 본질을 이해하는 것에는 숙달되어 있었지만 물질 특히 원자핵을 이해하는 것에는 약했다. 자 이제는 물질 쪽으로 화제를 돌리기로 하자.

# 3. 양자역학의 수수께끼

1900년 초에 지금까지의 물리학의 질서는 무너져버렸다.

3세기에 걸쳐 지속되어온 뉴턴 물리학에 도전하는 일련의 굵직한 새로운 실험들에 의해 과학의 세계는 혼란에 빠져들게 되었다. 세계는 종래 질서의 잿더미로부터 나타나는 새로운 물리 탄생의 진통을 명백히 목격하고 있었다. 그러나 이 혼돈으로부터 출현한 이론은 하나가 아니며 둘이었다.

최초의 이론인 상대성이론의 선각자는 아인슈타인으로 중력과 빛 같은 힘의 본질을 이해하기 위해 온 힘을 쏟았다.

한편 물질의 본질을 이해하는 기초로서 원자 규모 이하의 현상을 지배하는 양자역학이라 일컫는 제2의 이론이 제시되었다. 이것은 이론물리학계의 또 하나의 거인인 W. 하이젠베르크와 그 동료들에 의해 제창되었던 것이다.

## ♦ 물리학의 두 거인

아인슈타인과 하이젠베르크의 운명은 비록 그들이 만들어낸 이론이 우주의 극에서 극까지 벌어져 있을 정도로 떨어져 있었지만 여러 가지 점에서 묘하게 일치하고 있다. 두 사람 모두 독일에서 태어났으며 그들의 선배들이 이룩해놓은 지식에 도전했던 혁명적인 우상 파괴자였던 것이다. 이 두 사람이 현대물리학을 완전히 지배했기 때문에 그들의 발견은 반세기 이상에 걸쳐 물리학의 진로를 결정했던 것이다. 이 두 사람은 또한 놀랍게도 약관의 나이에 최고의 업적을 남겼다. 아인슈타인은 그가 상대성이론을 발견했을 때 26살이었고 하이젠베르크는 약관에 박사학위를 받았고 24살에 양자역학의 법칙 대부분을 체계화했으며 32세에 노벨상을 받았다.

두 사람은 또한 세기가 바뀔 무렵, 예술과 과학이 꽃폈던 독일의 지적 전통에 푹 젖어 있었다. 일류 과학자의 꿈을 가진 야심 찬 과학자들에게는 독일로 가는 것이 전통이 되었다. 1920년 후반에 미국의 한 물리학자는 미합중국의 상대적으로 유치한 물리학 수준에 실망하고 양자역학의 대가들 밑에서 공부하기 위해 독일의 괴팅겐으로 갔다. J. R. 오펜하이머라는 이 물리학자가 바로 후에 처음으로 원자폭탄을 만든 장본인이다.

이들 두 인물의 운명은 또한 독일 역사의 어두운 면인 프로이센 (프러시아)의 군주주의와 독재의 전통으로부터도 영향을 받았다. 1933년 파시스트들이 전례 없는 억압과 고난의 시대를 여는 것이 확실해지자 아인슈타인은 목숨을 걸고 나치스 독일로부터 탈출했다. 그러나 하이젠베르크는 독일에 남아 있었고 히틀러의 원자폭탄 계획에 종사했다. 사실 하이젠베르크와 같이 세계에 이름이 알려져 있는 물리학자가 독일에 있다는 것이 1939년에 원자폭탄을 만들기를 권하는 편지를 아인슈타인이 F. 루스벨트(F. Roosevelt) 대통령에게 긴급하게 보내게 했다. 최근에 CIA의 전신인 OSS의 요원이었던 사람이 연합국 측은 하이젠베르크를 무서워한 나머지 독일의 원자폭탄 제조를 방해하기 위해 필요하다면 그를 암살하려는 상세한 계획도 세웠다고 술회했다.

이 두 사람의 개인적인 운명이 교차하고 있었을 뿐만 아니라 지금 돌이켜보면 그들의 과학상의 업적도 복잡하게 얽혀 있었다. 아인슈타인의 명작은 일반상대성이론으로 이것은 오랫동안 과학자들의 흥미를 가져온 의문에 해답을 주기 시작했다. 시간의 시작과 끝은 있는가? 우주의 끝은 어딘가? 우주가 창조될 때 어떤 일이 일어났는가?

이것과는 대조적으로 하이젠베르크와 그의 동료인 E. 슈뢰딩거 및 덴마크 물리학자인 N. 보어는 정반대의 질문을 했다. 우주에서 가장 작은 기본입자는 무엇인가? 물질은 끝없이 계속 작은 조각으로 나눌 수 있는가? 이런 의문을 제시하면서 하이젠베르크와 그의 동료들은 양자역학을 만들었던 것이다.

여러 가지 면에서 이들 두 이론들은 정반대로 보였다. 일반상대성 이론은 은하계와 우주의 우주적 운동에 관계하는 반면 양자역학은 원자 크기 이하의 세계를 탐구했다. 상대성이론은 모든 공간을 연속적으로 가득 채우고 있는 힘에 관한 장[力場]의 이론이다. 예를 들면, 중력장의 힘은 우주의 저 멀고 먼 곳까지 연장되어 있는 거미집에 비교할 수 있다. 대조적으로 양자역학은 빛의 속도보다 훨씬 천천히 움직이는 원자를 구성하는 물질에 관한 이론이다. 양자역학의 세계에서는 역장은 단지 부드럽고 연속적으로 전 공간을 가득 채운다. 만일 그것을 보다 자세히 들여다본다면 그것은 실제로는 띄엄띄엄한 단위로 양자화되어 있다는 것을 알게 된다. 예를 들면, 빛은 양자 또는 광자라고 하는 매우 작은 에너지 다발로 이루어져 있다. 어느 이론도 홀로는 자연을 만족할 정도로 기술하지 못한다. 각각은 서로를 필요로 하며 보완해준다. 아인슈타인이 상대성이론을 끝까지 밀고 나갔어도 성과가 없었던 것은, 상대성이론만으로는 통일장이론의 기초를 구성할 수 없다는 것을 보인 것이다. 양자역학도 상대성이론 없이는 만족할 만한 이론이 아니다. 양자역학만으로는 단지 원자의 움직임이나 계산할 수 있으며, 핵의 내부구조나 중력의 큰 규모에 관한 운동은 다룰 수 없다.

그러나 이 두 이론의 결합은 지난 반세기 동안 이론물리학자들의 대다수가 지대한 노력을 했으나 실패했다. 단지 지난 몇 년 동안에 물리학자들은 초끈이론의 도움으로 드디어 두 이론의 통합이 가능함을 공식화 했던 것이다.

## ♦ 소극적인 혁명가 플랑크

양자역학은 1900년에 생겨났으며 물리학자들은 '흑체복사'라고 부르는 현상에 어리둥절해 있었다. 보기를 들어, 강철 막대를 높은 온도로 가열하면 왜 붉은빛을 띠다가 그다음 흰빛을 띠는지, 또 화산 분화구에서 분출하는 용암이 왜 붉은빛을 띠는지 설명할 수가 없었다.

빛이 순수히 파동성만 있고 모든 진동수를 가지고 진동한다고 가정하면 왜 붉은빛과 흰빛의 색깔을 띠는지 설명할 수 없다. 실제로는 불가능하나 이 가정 아래서 복사된 빛은 높은 진동수에서 무한한 에너지를 가져야만 한다. 이런 난제를 '자외선파국(紫外線破局)'이라 부르며(여기서 자외선은 단지 높은 진동수의 복사를 뜻한다), 이 난제는 수년간 물리학자들을 곤혹스럽게 했다.

1900년 독일 물리학자 M. 플랑크(M. Planck)는 이 문제에 대한 풀이를 얻었다. 그는 흑체복사에 관한 가장 정확한 실험들 가운데 몇 가지가 행해졌던 베를린대학의 교수였다. 어느 일요일 그는 아내와 집에서 몇몇 실험물리학자들을 초대했다. 그들 가운데 H. 루벤스(H. Rubens)가 우연히 플랑크에게 흑체복사에 관한 그의 최근의 실험 결과를 이야기했다. 루벤스가 간 후, 플랑크는 교묘한 수학적 기교를 쓰면 루벤스의 결과를 정확하게 맞출 수 있는 방정식을 유도할 수 있다는 것을 알아차렸다. 그는 너무나 흥분해서 그 발견을 루벤스에게 알리기 위해 그날 밤에 엽서를 보냈다.

플랑크가 그달에 베를린 물리학회에서 결과를 발표했을 때 플랑크는 자기 이론에 대해 반신반의하면서 매우 어색해했다. 복사는 물리학자들이 생각했던 것같이 완전한 파동성이 아니며 에너지 전이는 명확하게 불연속적인 다발로 일어난다고 주장했다. 1900년 12월에 그의 논문에서

"이 가설이 자연과 합치되는지는 실험이 증명할 것이다"[18]라고 언급했다. 플랑크는 각각의 다발의 크기가 (그를 기리기 위해 '플랑크 상수'라고 부르는 $h$=6.5×$10^{-27}$erg·sec라는 양에 의해 결정되는) 믿을 수 없을 정도로 작기 때문에 물리학자들이 이전까지는 결코 에너지의 입자성을 알 수 없었다는 것을 알았다. 참고로 이 숫자는 천문학적으로 너무 작기 때문에 우리가 일상생활 속에서 양자효과를 접할 수 없다.[19]

물리학계는 플랑크의 새로운 개념과 빛은 연속적이지 않고 입자적이라는 그 논리적 결론에 강한 회의를 가졌다. 빛이 입자처럼 행동하는 양자로 쪼개질 수 있는 생각은 상식에 위배된다고 생각했다.

5년 후인 1905년, (아직은 무명의 물리학자였던) 아인슈타인이 광전효과에 관한 이론을 썼을 때 양자론은 다음의 중요한 단계로 들어갔다. 내성적이며 나약했던 혁명가인 동시에 전형적인 19세기 물리학자 기질의 플랑크와는 달리 아인슈타인은 이 이론으로 새로운 방향을 향해 용감히 전진했다. 플랑크의 이상한 양자이론을 써서 아인슈타인은 입자적인 빛이 금속을 때리면 어떤 일이 벌어지겠는가에 의문을 품었다. 만일 빛이

---

18) Pais, "*Subtle Is the Lord*…" 371.

19) 이런 뜻에서 플랑크 상수 $h$는 빛의 속도 $c$가 상대성이론에서 하고 있는 구실과 같은 구실을 양자이론에서 하고 있다. 양자역학과 상대성이론의 세계가 우리 눈에 이질적인 것으로 비춰지는 것은, 빛의 속도가 매우 커 도달할 수 없는 속도이고 플랑크 상수는 너무 작기 때문이다. 사실 우주에 관한 우리들의 상식적인 직감은, $c$는 실제로 무한값을 가지며 $h$는 0이라고 느끼기 때문에 상대성이론적 효과도 양자론적 효과도 사실상 없는 것처럼 보인다.

플랑크 이론을 따르는 입자라면 금속에 붙어 있는 원자로부터 전자가 갑자기 떨어져 나오기 때문에 전류가 발생해야 할 것이다. 아인슈타인은 플랑크 상수를 써서 튀어나오는 전자의 에너지를 계산했다.

플랑크와 아인슈타인의 방정식을 실험물리학자들이 확인하는 데는 그렇게 오래 걸리지 않았다. 플랑크는 1918년 양자론으로 노벨 물리학상을 받았으며, 1921년에 광전효과로 아인슈타인이 그 뒤를 이어받았다.

오늘날 우리는 양자 광전효과의 응용으로 매우 편리한 생활을 하고 있다. 예를 들면 텔레비전은 이 발견에 의해서 가능하게 되었던 것이다. 텔레비전 카메라는 금속 표면의 광전효과를 이용해서 영상을 기록하고 있다. 카메라의 렌즈를 통해 들어온 빛은 금속을 때리고 어떤 종류의 전기 패턴이 발생해 그것이 텔레비전 전파로 바뀌어 가정의 텔레비전으로 보내지고 있다. 한 번밖에 노출할 수 없는 보통의 카메라 필름과는 달리 이 금속은 몇 번이고 반복해서 사용할 수 있기 때문에 움직이는 영상을 잡을 수가 있다.

## ◆ 양자 요리책

천여 년 동안 입자와 파동은 다른 것으로 생각해왔다. 그러나 금세기에 들어와 이 구별은 사라졌다. 플랑크와 아인슈타인이 파동으로만 알았던 빛이 명백히 입자적인 성질도 가지고 있다는 것을 보였을 뿐만 아니라 전자를 이용한 실험을 통해 입자 역시 명백히 파동성을 띤다는 것도 알았다.

1923년 젊은 프랑스 왕자이며 물리학과 대학원생인 L. 드 브로이(L. de Broglie)는 전자도 빛과 같이 특정한 진동수와 파장을 가져야만 한다고 하면서 '물질파'가 반드시 만족해야만 하는 기본 관계식을 발표하였다.

그러나 결정적인 발전은 1926년 빈의 물리학자 E. 슈뢰딩거에 의해 이루어졌다. 드 브로이에 의해 발표된 관계식에 자극받아 슈뢰딩거는 이들 파동이 만족해야만 하는 슈뢰딩거 파동방정식이라 부르는 완전한 방정식을 발표했다. 한편 비록 꼴은 다르지만 동등한 이론이 거의 동시에 하이젠베르크에 의해 발표되었다. 이 방정식과 더불어 플랑크, 아인슈타인 및 보어가 발전시켰던 고전 양자론은 슈뢰딩거와 하이젠베르크의 성숙한 양자역학으로 바뀌게 되었다.

1926년 이전까지 과학자들은 심지어는 세상에 있는 가장 간단한 화합물의 화학적 성질을 예측한다는 것이 불가능하다고 생각했다. 그러나 1926년 이후 물리학자들은 예전에는 거의 몰랐던 단순한 원자들을 지배하는 방정식에 대해 거의 완전히 이해할 수 있게 되었다. 양자역학의 위력은 원칙적으로 화학에 관한 모든 것을 일련의 방정식으로 나타낼 수 있어서 슈뢰딩거 파동방정식을 다루는 것은 상세한 설명이 담긴 요리책과 함께 요리를 하는 것과 같다. 왜냐하면 이 방정식은 원자나 분자의 정확한 성질을 알기 위해 얼만큼 재료를 섞어야 하는지 또 얼마나 오랫동안 휘저어야 하는지를 정확하게 기술하고 있기 때문이다. 비록 슈뢰딩거 파동방정식이 매우 복잡한 원자나 분자들을 푼다는 것은 어렵겠지만 만일 거대한 전산기를 쓴다면 첫째 원리로부터 알려진 모든 화합물의 성질을 끄집어낼 수가 있다. 그런데 양자역학은 보통의 요리책보다는 훨씬 더 강력하다. 왜냐하면 아직 자연계에서 우리가 발견하지도 않은 화학물질의 성질을 알아낼 수 있기 때문이다.

### ♦ 트랜지스터, 레이저 및 양자역학

우리 주변에 있는 모든 것은 양자역학의 산물이다. 양자역학 없이 텔레비전, 레이저, 전산기, 라디오 등과 같이 무수히 많은 편리한 것들은 불가능했을 것이다. 예를 들면, 슈뢰딩거 파동방정식은 전도도 같이 대부분은 이미 알려져 있으나 수수께끼 같은 사실들을 설명한다. 결과로 이것은 트랜지스터의 발명을 가져왔다. 현대의 전자공학과 전산기 기술은 트랜지스터가 없었으면 불가능했으며 이는 또한 순수 양자역학적 현상의 결과이다.

예를 들면, 금속에서 원자들은 격자 안에 질서 있게 나열되어 있다. 슈뢰딩거 방정식은 금속 원자들의 외각 전자들은 핵과 느슨하게 결합되어 있고 실제로 전체 격자를 통해 자유로이 움직일 수 있음을 예언한다. 심지어 매우 작은 전기장도 전자들이 격자 둘레를 자유로이 움직일 수 있도록 힘을 미칠 수 있다. 그러나 고무나 플라스틱에 대해서 외각 전자들은 보다 세게 묶여 있어 전류를 흐르게 하는 자유롭게 떠다니는 전 자는 없다.

또한 양자역학은 어떤 때는 전도체처럼, 또 어떤 때는 절연체처럼 행동하기도 하는 '반도체'라고 부르는 어떤 물질의 존재도 설명한다. 이 때문에 반도체는 전기의 흐름을 통제하기 위한 증폭 장치로도 사용될 수 있는 것이다. 손목을 돌리는 것만으로도 물 흐름을 조절할 수 있는 수도꼭지처럼 트랜지스터는 전기의 흐름을 조절한다. 오늘날 트랜지스터는 워크맨, 개인 전산기, FM 라디오, 텔레비전 등에서 전기의 흐름을 조절한다. 트랜지스터의 발명으로 인해 양자물리학자였던 J. 바딘(J. Bardeen), W. 쇼클리(W. Shockley) 및 W. 브래튼(W. Brattain)은 1956년에 노벨상을 받았다. 양자역학은 또 다른 발명, 즉 오늘날 공업과 상업을 경영하는 방법을 바꾸게 한 레이저를 만들어냈다.

먼저 양자역학은 왜 네온등이나 형광등이 작동하는지를 설명한다. 예를 들면, 네온등에서는 가스가 담긴 관 속에 흘려보낸 전류가 전자를 보다 높은 궤도, 즉 높은 에너지 준위로 올려보낸다. 가스 원자에 있는 전자들은 이제 들뜬상태에 있게 되며 이들은 원래의 낮은 에너지 상태로 되돌아가기를 좋아한다. 따라서 전자들이 들뜬상태에서 낮은 상태로 되돌아갈 때 전자들은 에너지를 잃게 되며 동시에 빛을 낸다. 그 결과 이 초과된 에너지가 우리 도시를 밝게 하는 네온 빛이 되는 것이다.

전구에서 들뜬 원자들은 불규칙하게 낮은 상태로 되돌아간다. 실제로 태양빛을 포함해 우리 둘레의 모든 빛은 불규칙한 또는 걸맞지 않은 (*incoherent*) 복사뿐으로 서로 다른 진동수와 위상을 가지고 진동하는 복사가 무질서하게 뒤섞여 있다. 그러나 캘리포니아 버클리의 C. 타운스(C.

Townes) 같은 물리학자는 어떤 특정한 경우에 들뜬 원자들이 정확히 같은 진동수를 가지고 일시에 낮은 상태로 되돌아갈 수 있다는 것을 양자역학을 통해 예언했다. 걸맞은(*coherent*) 복사라는 이 새로운 꼴의 복사는 자연계에서 전에는 결코 보지 못했다. 이것은 지금까지 보아왔던 복사 가운데 가장 순수한 꼴의 복사인 것이다!

타운스의 선구적인 업적은 마이크로파 복사였는데 (그는 이 일로 1964년 노벨상을 받았다), 과학자들은 그의 이론이 빛에 대해서도 잘 적용할 수 있으리라는 것을 재빨리 알아차렸다. 비록 벅 로저스 꼴의 광선총이나 날아오는 핵미사일을 파괴할 수 있는 광선포가 현재는 먼 이야기이지만 상업적인 레이저는 공장에서 금속을 자르거나 통신을 할 때나 수술을 할 때 사용될 수 있으며 보다 새로운 응용도 매일 발견되고 있다. 예를 들면, 의사들은 작은 레이저를 이용해 섬세한 유리섬유로 빛 에너지를 보내 심장마비를 일으킨 사람들의 혈관에 침착된 지방을 태운다. 보다 잘 알려진 것으로 레이저 디스크는 스테레오의 제조방법을 바꾸어놓았으며, 요즈음은 많은 슈퍼마켓의 계산대에서도 레이저를 써서 대부분의 상품의 포장에 보이는 검은 줄, 즉 그 상품의 가격을 알 수 있게 하며 재고(在庫)를 항상 파악할 수 있는 줄을 순식간에 읽고 있다.

아마 레이저의 가장 극적인 상업적 응용은 3차원 텔레비전의 발명이다. 이미 비자 카드에는 3차원 새의 홀로그램 영상이 담겨져 발행되고 있다. 미래에는 텔레비전 화면이 평평한 면 대신에 3차원 인간이 움직이는 것을 볼 수 있는 3차원 구체가 될 것이라는 것도 상상할 수 있을 것 이다.

우리들의 아이들과 손자들은 아마 그들의 거실에서 3차원 텔레비 전이라는 양자역학의 선물을 보게 될 것이다.

트랜지스터와 레이저뿐만 아니라 양자역학의 효과로 인해 수백 가지의 다른 중요한 발명이 이루어졌다. 그 몇 가지를 들어보면 :

- **전자현미경**: 이것은 전자의 파동성을 이용해 바이러스 크기의 물체를 볼 수 있다. 수백만의 사람들이 이 양자역학의 발명품의 굉장한 의학적 응용으로부터 직접 혜택을 받고 있다.
- **DNA 분자의 비밀 규명**: 엑스선 회절과 그 밖의 검사 수단은 이 복합 유기 분자의 구조를 결정하기 위해 쓰인다. 그 결과로 생명 자체의 신비도 이들 분자의 양자역학적 연구를 통해 벗겨질 것이다.
- **핵융합로**: 이것은 태양의 핵반응처럼 지구상에서도 인공적으로 그런 핵반응을 하게 하여 엄청난 에너지를 만들 수 있게 할 것이다. 비록 핵융합로에 대해 아직은 많은 어려운 문제들이 있지만 언젠가 이 핵융합로는 많은 에너지를 필요로 하는 도시에 사실상 무제한의 동력을 제공하게 될 것이다.

의심할 여지 없이 양자역학의 성공은 매우 장쾌하여 현대 의학, 공업 및 상업의 기반을 바꿔 놓았다. 그러나 아이러니컬하게도 실제적인 응용면에 있어서 그렇게 결정적이며 명확하며 명쾌한 양자역학이 실제로는 불확정적이며 확률 및 기묘한 철학적 발상에 근거하고 있다. 단적으로 말해 양자역학은 물리학계에 떨어진 폭탄이었으며 그 효과는 충격적이었다. N. 보어가 말했던 "양자론에 의해 놀라지 않은 사람은 그것을 이해할 수 없다"라는 말은 지금도 널리 인용되고 있다.

## ♦ 하이젠베르크의 불확정성원리

1927년 W. 하이젠베르크는 물체의 속도와 위치를 동시에 안다는 것은 불가능하다는 것을 제안했다. 결국 파동은 불명료한 대상인 것이다. 해변에 서서 바다의 물결 속도와 위치를 정확하게 계산할 수 있겠는가? 불가능하다. 결코 아무도 동시에 전자의 위치와 속도를 정확히 알 수 없다. 이것은 또한 슈뢰딩거 방정식의 직접적인 결과이기도 하다.

하이젠베르크에 의하면 불확정성은, 원자 크기 이하의 영역에서 물체를 관측하는 행위 자체가 그 물체의 위치와 속도를 변화시키기 때문에 생기는 것이다. 다른 말로 하면 원자계를 측정하는 과정에서 계가 교란 되어 상태가 변하고 측정 이전의 상태와는 질적으로 다르게 된다는 것이다. 예를 들면, 전자는 너무 작기 때문에 원자 속에서 위치를 측정하기 위해서는 광자를 전자에 쪼여야 한다. 그러나 빛은 매우 강력하기 때문에 원자와 충돌할 때 전자의 위치를 바꿔 놓는다.

그런데 보다 좋은 측정 장치를 써서 전자를 그대로 변화시키지 않으면서 그 속도와 위치를 측정할 수는 없겠는가? 하고 자연스럽게 물을 수도 있을 것이다. 그러나 하이젠베르크에 따르면 그것은 불가능하다. 우리는 위치나 속도 중 어느 하나는 알 수 있으나 동시에 둘 다를 알 수는 없다. 이것이 소위 하이젠베르크의 불확정성원리라고 부르는 것이다.

## ♦ 결정론의 몰락

우주는 신이 태초에 태엽을 감아놓은 거대한 우주 시계와 같다고 뉴턴은 생각했다. 시계는 뉴턴의 세 가지 운동법칙에 따라 지금까지 똑딱거리고 있는 것이다. 뉴턴적 결정론이라고 부르는 이 이론은 우주의 모든 입자의 정확한 운동을 수학적으로 결정할 수 있다고 기술하고 있다.

프랑스 수학자인 P. S. 라플라스(P. S. Laplace)는 한 걸음 더 나아가 모든 미래에 일어날(핼리 혜성의 귀환과 일식뿐만 아니라 심지어는 미래의 전쟁이나 비이성적인 인간의 결정까지도 포함한) 사건은 태초의 모든 원자의 초기 운동 조건이 알려져 있다면 미리 알 수 있다는 것이다. 예를 들면, 가장 극단적인 결정론은 지금부터 10년 후 당신이 어느 식당에서 식사할 것이며 무엇을 주문할지도 미리 계산할 수도 있다는 것을 기술하고 있다. 게다가 이 견해에 따르면 우리가 천국에 갈지 지옥에 갈지도 미리 결정된다는 것이다. 즉, 자유의지는 전혀 없는 것이다.

라플라스가 그의 걸작인 『천체 역학』을 썼을 때 나폴레옹은 "왜 조물주에 대한 언급은 없는가?"하고 라플라스에게 물었다. 그러자 라플라스는 "나는 그런 가설은 필요 없다"라고 대답했다.

그러나 하이젠베르크에 따르면 이 모든 것은 비상식적이라는 것이다. 우리의 운명은 양자의 천국이나 지옥으로 결정되어 있지 않다. 불확정성 원리는 우주에 고립되어 있는 개개의 원자들의 정확한 행동을 예측하는 것을 불가능하게 한다. 게다가 원자 크기 이하의 영역에서는 단지 확률만

이 계산 가능한 것이다. 예를 들면, 한 전자의 정확한 위치와 속도를 아는 것은 불가능하기 때문에 전자의 개별적 행동에 대해 많은 것을 예측하는 것은 불가능하다. 그러나 많은 양의 전자들이 어떻게 행동 하는가 하는 확률은 놀랄 정도의 정확도를 가지고 예측할 수 있다.

예를 들면, 매년 대학입시를 치르는 수백만의 학생들을 상상해보자. 어떻게 시험을 치를지 예측하기는 어려우나 전체적인 평균은 놀라울 정도로 정확하게 결정할 수 있다. 실제로 종 모양의 곡선은 매년 거의 변하지 않는다. 따라서 수백만의 학생들이 그들이 시험을 보기 전에 어떻게 볼 것인지를 예측할 수 있는 것이다. 그러나 어떤 한 학생의 결과에 대해서는 아무것도 예측할 수 없다.

이와 비슷하게 한 개의 방사성 우라늄 핵의 경우에는 그것이 언제 얼만큼의 에너지를 방출하며 붕괴할지 정확하게 예측할 수 없다. 양자역학에서는 실제로 핵의 상태를 측정하지 않고 그것이 아직 그대로 있는지 아니면 붕괴했는지 말할 수 없다. 실제로 양자역학이 하나의 핵을 기술 할 수 있는 유일한 방법은 핵을 두 가지 상태의 복합체라고 가정하는 것이다. 즉, 그것이 측정되기 전 하나의 우라늄 핵은 물리학자에게 있어서는 그대로 있는 상태인지 붕괴된 상태인지 전혀 알 수 없다. 개개의 핵이 둘 또는 보다 많은 다른 상태의 결합체라는 이 기묘한 가정에 의해 양자역학은 놀라울 정도로 높은 정확도를 가지고 수백만의 우라늄 원자가 붕괴하는 비율을 계산할 수 있게 한다.

## ◆ 고양이를 죽였던 호기심

비록 과학자들이 실험실에서 양자역학에 상치되는 단 하나의 결과도 보지 못했으나(풍부한 증거들은 보았다) 이론은 계속해서 '상식'을 뒤집어놓았다. 양자역학에 의해 도입된 사고는 매우 새로워 E. 슈뢰딩거는 1935년에 묘한 '사고 실험'을 고안해 겉으로 보이는 모순을 표현했다.

독가스가 담긴 병과 고양이가 들어 있는 열리지 않는 상자를 상상해 보자. 비록 상자 속을 들여다볼 수 없으나 고양이가 죽었는지 또는 살아 있는지 말할 수 있을 것이다. 이제 독가스가 담긴 병이 우라늄 광석 조각으로부터 복사를 탐지할 수 있는 가이거 계수기와 연결되어 있다고 하자. 만일 한 개의 우라늄 핵이 붕괴된다면 복사가 가이거 계수기에 탐지되며 그 결과 병을 파괴해 고양이를 죽일 것이다.

양자역학에 따르면 한 개의 우라늄 핵이 붕괴할 때를 확실히 예측할 수는 없다. 단지 계산할 수 있는 것은 수십억의 수십억 개인 원자핵이 붕괴할 확률뿐이다. 그러므로 한 개의 우라늄 원자핵을 기술하기 위해 양자역학은 그것이 두 개의 상태, 즉 하나는 우라늄 원자가 그대로 있는 상태와 다른 하나인 우라늄 원자가 붕괴된 상태의 혼합상태라고 가정한다. 그렇게 될 때 고양이는 고양이의 상태가 죽어 있는 동시에 살아 있다고 하는 가능성을 포함하는 파동함수로 기술되어진다는 것이다.

물론 일단 상자를 열고 관측을 하면 고양이가 죽어 있는지 살아 있는지 확실히 결정할 수 있다. 그러나 상자를 열기 전까지는 확률에 따라 통계상 고양이는 죽어 있는 것도 아니고 살아 있는 것도 아니다.

양자역학에 따르면 측정 행위의 과정에 의해 고양이의 상태가 결정되는 것이다. 게다가 더 나쁜 것으로는 관측할 때까지 그 대상의 명확한 상태(예를 들면 죽어 있는지 살아 있는지)라는 것은 존재하지 않는다고 할 수 있다.

아인슈타인은 슈뢰딩거의 고양이 같은 양자 패러독스에 몹시 심기가 불편했다. "이런 것을 인정한다면 실체를 합리적으로 정의할 수 없다"[20]라고 그는 진술했다. 그보다 앞서 살았던 뉴턴처럼 그는 객관적 실체의 존재를 믿어 물리적인 우주는 어떤 측정 과정에도 상관없이 정확한 상태로 존재할 것이라고 믿었던 것이다.

양자역학의 도입은 철학적인 개념의 벌집을 열어놓아 벌들이 그 둘레를 윙윙 소리를 내며 날게 했다.

## ♦ 철학과 과학

과학자들은 항상 철학에 흥미를 가져왔다. 아인슈타인은 그의 만년에 "인식론 없는 과학은 유치하며 지리멸렬이다"[21]라고 술회했다. 실제로 젊

---

20) Pais, "*Subtle Is the Lord*…" 456.
21) 같은 책, 13.

었을 때 아인슈타인과 몇몇 친구들은 철학을 공부하기 위해 구성된 비공식적인 모임인 '올림피아 아카데미'를 만들었다. E. 슈뢰딩거는 그의 유명한 파동방정식을 출판하기 수년 전 한때 철학을 위해 본업인 물리학 연구를 포기하기로 결정했다고 한다. M. 플랑크는 그의 저서 『물리학의 철학』에서 자유의지와 결정론에 대해 썼다.

비록 양자역학이 원자 크기 이하의 영역에서 과학자들에 의해 행해진 모든 실험에서 결정적인 성공을 가져왔으나 동시에 초등학생이라도 물을 수 있는 다음과 같은 오랜 철학상의 의문을 일으켰다. "숲에서 나무가 쓰러질 때 거기에 듣는 사람이 아무도 없었다면 무슨 소리가 났겠는가?" 버클리 주교 같은 18세기 철학자들과 유아론자(唯我論者)들이라면 그 대답은 "나지 않았다"일 것이다. 유아론자들에게 삶은 꿈이며 꿈을 꾸고 있는 사람 이외에는 어떤 물질적인 실체도 없다는 것이다. 착상은 단지 그것을 관측하는 의식이 있을 때만 존재한다. 데카르트의 명언인 "나는 생각한다. 그러므로 나는 존재한다"가 유아론자에게 잘 어울리는 말이리라.

한편 갈릴레이와 뉴턴 시대 이래로 과학에서의 모든 위대한 발전은 쓰러지는 나무 문제에 대한 대답으로 "소리가 난다"라는 것을 가정하고 있다. 즉, 물리학의 법칙은 관측되는 영역 안에서 인간들의 사정에는 관계없이 객관적으로 존재하고 있는 것이라는 것이다.

그러나 타당하며 평판이 자자할 정도로 성공적인 수학적 공식에 근거를 둔 양자물리학은 철학적인 비약을 했으며 실재(實在)는 측정을 하지 않으면 존재하지 않는다는 것을 말했다. 다른 말로 하면 관측 과정이 실재를 낳는다는 것이다. 그러나 원래의 양자물리학자들을 이 철학을 단지 원자 크기 이하의 영역에만 적용한다는 것을 강조한다. 그들은 유아론자들은 아니었으며 이 비객관적인 실재는 우리가 살고 있는 거시적인 세계가 아니라 단지 전자나 양성자 같은 미시적 세계에만 적용해야 한다고 믿었다.

처음에 전통적인 물리학자들은 이 새로운 세계관에 회의적이었다.

실제로 양자역학의 창시자들은 양자역학이 그들로 하여금 뉴턴 물리학의 고전적인 세계관을 포기하도록 강요했기 때문에 걱정을 나타냈다. 하이젠베르크는 1927년의 어느 늦은 밤 보어와의 '거의 절망적인' 대화 후, 혼자 공원을 거닐면서 일련의 원자에 행해진 실험으로부터 살펴볼 때 자연은 불명료한 것일까, 하며 그 자신에게 질문을 되풀이했다고 한다. 그러나 결국에는 양자물리학자들은 오늘날의 많은 물리학자들처럼 이 새로운 이론을 마음 깊숙이 받아들였고 이것이 그 이후 45년간의 물리학자들의 연구 방향을 지배했다.

그러나 실재에 관한 양자론적인 견해를 받아들이지 않았던 한 거장이 있었으니 그가 바로 아인슈타인이다.

아인슈타인은 여러 이유 때문에 양자역학을 반대했다. 첫째, 그는 확률이 이론 전체의 확고한 기반이라고는 생각하지 않았다. 확률 이론에 담겨 있는 순수한 우연이라는 측면을 받아들일 수 없었다. 그래서 그는 "양자역학은 매우 인상적이나 나는 신은 주사위 놀이를 하지 않는다는 것을 확신한다"[22]라고 M. 보른(M. Born)에게 편지를 쓰기도 했다. 둘째로 아인슈타인은 양자이론은 불완전하다고 믿었다. "완전한 이론을 위한 다음과 같은 요구가 필요한 것 같다"라고 주장했다. "물리적인 실재의 모든 기본 요소는 물리 이론 가운데 그것에 대응하는 것을 가져야 한다."[23] 이 인용문은 원문에 이탤릭체로 되어 있다. 이 점에 있어서 양자역학은 실패하고 있다. 집단의 행동만을 기술하는 이 이론은 개별적인 물체에 관한 상세한 설명을 할 수 없는 이론체계이기 때문이다. 이런 이유 때문에 아인슈타인은 잠정적이며 불완전한 이 이론을 반대했던 것이다.

게다가 아인슈타인은 인과율의 신봉자였기 때문에 우주에 관한 비객관적인 견해를 받아들일 수 없었다. 양자역학에 관한 실험적인 성공에 대해 아인슈타인은 보른에게 "비록 지금까지의 양자역학은 성공적이나 나는 객관적인 실재를 확신하다"[24]라고 편지를 쓴 적이 있다. 그가 쓴 스피노자에 관한 글은 실은 자신에 대한 것인지도 모른다. "…스피노자가 접했던 정신상태는 우리 자신의 것과 기묘할 정도로 매우 비슷하다 …그는 자연현상의 인과관계에 관한 지식을 얻기 위한 노력의 성과가 아직 적었

---

22) Max Born and Albert Einstein, *The Born-Einstein Letters*(New York: Walker&Company, 1971), 91.

23) Albert Einstein, Boris Podolsky, and Nathan Rosen, "Can Quantum-Mechanical Description of Physical Reality Be Considered Complete?," *Physical Review* 47, 1935, 777ff.

24) Pais, "*Subtle Is the Lord*…" 461.

던 그 당시에도 모든 자연현상이 인과관계로 계속되고 있다는 것을 확신하고 있었다."[25]

아인슈타인은 양자역학에 반대한 유일한 사람이라 해도 좋을 것이다. 다른 물리학자들은 양자역학이라는 시대적 흐름에 따라 경쟁적으로 연구했으나 아인슈타인은 그가 죽는 날까지도 양자역학은 불완전하다는 주장을 했다. 그는 "동료들의 눈에는 완고한 이교도로 비춰졌다"[26]라고 한 친구에게 편지를 썼다. 그러나 그가 강한 신념의 소유자였기 때문에 그를 많이 괴롭히지는 않은 것 같다. 1948년에는 통렬한 말을 토했다. "순간적인 성공이 원칙의 숙고보다 많은 사람에게 강한 확신을 주고 있다."[27] 그는 또한 다수의 의견에도 동요하지 않았다. 뉴턴의 고전중력이론을 언급하면서 그는 뉴턴의 이론은 그것이 불완전하다는 것이 알려지기까지 2세기 이상 동안 성공적이었다.

아인슈타인이 양자역학의 수식을 받아들였던 것을 강조해두자. 그러나 "양자역학 자체는 그 아래 감춰진 객관적인 실재를 기술할 수 있는 이론(통일장이론)의 불완전한 표현이다"라고 그는 생각했다. 그는 결코 양자적인 현상과 상대성이론을 하나로 묶는 이론을 탐구하는 것을 포기하지 않았다. 물론 초끈이론이 후보로 등장하는 날을 그는 결코 살아서 보지 못했다.

---

25) 같은 책, 467.
26) 같은 책, 462.
27) 같은 책.

## ♦ 실용주의의 규칙

이와 같이 1920년대 및 1940년대까지는 양자역학이 전성기를 맞이했으며 세계의 물리학자들의 99퍼센트가 양자역학을 받아들였고 오직 아인슈타인만이 철저히 그의 터전을 고수하고 있었다.

노벨상 수상자인 E. 위그너(E. Wigner)를 포함한 소수의 과학자들은 '측정은 일종의 의식을 뜻한다'라는 입장이었다. 의식을 가진 사람 또는 실재만이 측정을 실행할 수 있다고 주장했다. 그러므로 이 소수파의 입장에서는 (양자역학에 의하면) 모든 물질의 존재는 측정에 의존하기 때문에 우주의 존재는 의식에 의존해 있다는 것이었다. 이것은 반드시 인류의 의식을 의미하는 것은 아니다. 즉, 우주 어디엔가 다른 지적인 생물 어쩌면 외계인의 의식도 가능하며 신도 가능하다고 주장하는 사람들도 있다. 양자역학에서는 관측 대상과 관측자의 구별이 뚜렷하지 않기 때문에 이 견해에 따르면 세계는 관측자(의식을 가진)가 최초로 측정을 했을 때 존재하기 시작한 것이 된다.

그러나 대다수의 물리학자들은 의식 없이도 실제로 측정은 가능하다라는 실용주의적 견해를 가지고 있다. 예를 들면, 카메라는 의식 없이 측정을 하는 것이 가능하다. 은하를 빠르게 가로질러 가는 광자의 상태는 확정할 수 없지만 카메라의 렌즈에 닿자마자 필름을 감광(感光)시켜 그 광자의 상태가 결정된다. 그러므로 카메라의 눈은 관측자의 기능을 한다. 빛이 카메라에 도달하기 전에는 여러 가지 상태의 혼합상태이지만 카메라의 필름을 감광함에 의해 빛의 정확한 상태가 결정된다. 관측은 의식 있는 관측자 없이도 가능한 것이다. 관측은 의식의 존재를 뜻하지는 않는다는 것이다.[28)]

그런데 초끈이론은 아마도 슈뢰딩거의 고양이를 가장 잘 이해할 수 있는 방법을 제공해줄지도 모른다. 항상 과학자들은 양자역학에서 어떤 한 개 입자의 슈뢰딩거 파동방정식을 기술한다. 그러나 초끈이론의 완전

---

28) 대부분의 물리학자들은 슈뢰딩거의 고양이 패러독스를 원자 상태의 기묘한 혼합으로 기술되는 미시적 대상과 고양이 같은 거시적 대상과를 구별함에 의해 해결하고 있다. 이 패러독스의 표준적인 해결책으로는 미시적 사건(보기를 들면 두 원자의 충돌)과 거시적 사건(보기를 들면 방안에서의 담배 연기의 확산)과의 결정적인 차이는 미시적 사건은 시간을 거슬러 가는 것이 가능하나 거시적 사건은 불가능하다는 점이라는 것을 가정하는 것이다. 보기를 들면, 두 원자의 충돌을 영화로 볼 때 필름을 앞으로 돌리거나 뒤로 돌리거나 정상적으로 보인다. 따라서 미시적 수준에서는 시간은 앞으로도 뒤로도 흘러갈 수 있어 모두 가능하다. 그러나 타고 있는 담배를 찍은 필름에서는 연기가 담배로 흡입되는 것은 불가능하며 연기가 밖으로 퍼지는 것만이 가능하다. 바꾸어 말하면 두 원자의 충돌과 같은 미시적 사건에서는 시간을 거꾸로 흐르게 하는 것이 가능하나 담배 연기의 확산과 같은 거시적 사건에서는 불가능하다는 것이다. 따라서 거시적 사건은 '시간의 화살을 무질서가 증가하는 방향(예를 들면 담배 연기의 확산)으로 교정시키고 있다. 물리학자들은 거시적 사건의 엔트로피(무질서의 척도)가 시간의 방향을 고정시키며 또한 가역적인 미시적 사건과 비가역적인 거시적 사건을 구별시키고 있다고 말한다.

관측의 본질적인 특성은 비가역적이라는 점, 즉 사진 필름을 현상해 광자로부터의 정보를 기록할 수 있다는 점이다. 필름은 '역현상(逆現像)'이 불가능하다는 것이다. 따라서 정보의 이동은 엔트로피의 증가를 의미한다. 즉, 의식은 관측의 본질은 아니며 의식이 없는 기계에도 관측은 가능하다. 관측의 핵심이 되는 특성은 정보의 이동이며 이것은 시간에 대해 비가역적인 것을 뜻한다. 비가역적인 정보의 이동은 우리들의 뇌 속에 있는 기억 세포나 사진 필름 같은 형태로 일어날 수 있다.

한 양자역학적 기술에서는 전 우주의 슈뢰딩거 파동방정식의 기술이 요구된다. 지금까지의 물리학자들은 점입자의 슈뢰딩거 파동함수를 써온 반면에 초끈이론은 모든 입자는 물론 시공, 즉 전 우주의 파동함수를 쓰는 것을 요구한다. 이것이 슈뢰딩거의 고양이와 관계된 모든 철학적 문제를 해결하는 것은 아니다. 이것은 단지 상자 안의 고양이를 다루는 문제의 성립 자체가 불완전하다는 것을 뜻하는 것이다. 바꿔 말하면 슈뢰 딩거의 고양이 문제의 최종적 해결에는 우주를 보다 잘 이해하는 것이 요구된다고 말할 수 있는 것이다.

양자역학의 괄목할 만한 성공을 50년 동안 즐겨온 대부분의 일선 물리학자들은 그 기묘한 철학적인 견해와 공존하고 있다. 제2차 대전 후, 로스앨러모스에서 근무했던 젊은 물리학자가 헝가리 출신의 대수학자 J. 폰 노이만(J. von Neumann)에게 어려운 수학적인 문제를 물었다.

폰 노이만은 "간단하다. 이것은 특성법(特性法)으로 해결할 수 있네"라고 대답했다.

그 젊은 물리학자는 "내가 특성법을 잘 이해할 수 있을지 모르겠습니다"라고 답했다.

그러자 폰 노이만은 "젊은이 수학을 이해할 수는 없네. 그저 그것을 이용할 뿐이지"[29]라고 말했다.

---

29) Gary Zukav, *The Dancing Wu Li Masters*(New York: Bantam Books, 1980), 208.

## ♦ 상대성이론 없는 양자역학의 실패

철학상의 문제는 별도로 하고 1930년대와 1940년대에 양자역학은 고속도로를 질주하는 멈출 수도 없는 트레일러 트럭과 같이 물리학자들을 수 세기 동안 괴롭혔던 모든 문제들을 시시하게 만들어버렸다. 젊은 양자물리학자인 P. 디랙(P. Dirac)이 대담하게도 양자역학은 화학의 모든 것을 일련의 수학 공식으로 바꾸는 것이 가능하다고 말하여 많은 화학자들을 소름끼치게 했다.

그러나 양자역학이 화학 요소의 성질을 설명하는 데에는 성공적 이었으나 그 자체는 불완전한 이론이었다. 우리는 양자역학이 물리학자들에 의해 빛의 속도보다 훨씬 낮은 속도에 관해 다루어질 때만 적용 가능하다는 것을 주의 깊게 알아야 한다.

특수상대성이론을 포함하는 시도가 있었을 때, 이 트레일러 트럭은 블록 담에 부딪혔다. 이런 의미에서 1930년대부터 1940년대에 걸친 양자역학의 괄목할 만한 성공은 일종의 요행이었다. 수소 원자를 구성하고 있는 전자는 일반적으로 빛의 속도의 100분의 1 정도의 속도로 움직이고 있다. 만일 자연이 전자가 거의 빛의 속도에 가깝게 움직이도록 원자를 만들었다면 특수상대성이론은 중요하게 되었을 것이며 따라서 양자역학은 덜 성공적이었을 것이다.

지구상에서 우리는 거의 빛의 속도에 가까운 현상을 보지 못하기 때문에 양자역학이 레이저나 트랜지스터 같은 매일매일 만나는 현상을 설명하는 데에 유용한 수단이 되었던 것이다. 그러나 우리가 지구를 떠나 우주에 있는 초고속이며 높은 에너지를 띤 입자의 성질을 분석할 때는 양자역학은 더 이상 상대성이론을 무시할 수 없다.

잠시 경주 트랙 위를 달리는 경주용 자동차를 생각해보자. 시속 100킬로미터보다 천천히 차를 몰고 있는 한, 차는 잘 작동할 것이다. 그러나 시속 240킬로미터를 초과하려 할 때 차는 망가져버릴지 모르며 통제할 수 없이 거칠게 돌아버릴지도 모른다. 이것은 자동차 공학의 이해가 시대에 뒤떨어져 차 공학을 집어던져야 한다는 것을 뜻하지는 않으며 오히려 시속 240킬로미터를 초과하는 속력을 내기 위해 단지 그렇게 빠른 속도가 가능한 철저하게 개조된 차가 필요한 것이다.

이와 같이 (특수상대성이론이 무시되어도 좋은) 빛의 속도보다 훨씬 낮은 속도의 영역을 다룰 때는 과학자들은 실험을 통해 양자역학의 예언에서 벗어난 어떤 결과도 얻지 못했다. 그러나 빠른 속도의 영역에서 양자역학은 완전히 실패했다. 양자역학은 반드시 상대성원리와 결합해야만 하는 것이다.

양자역학과 상대성이론의 첫 결합은 재앙이었다. 이 강제 결혼은 (양자장론이라 부르는) 이상한 이론을 만들어냈으며 이것은 수십 년 동안 단지 일련의 무의미한 무한대들을 만들어냈다.

양자역학과 특수상대성이론 및 일반상대성이론의 완전한 결합은 금세기 최대의 과학적 난제의 하나인데 현재 이것을 해결했다고 주장하고 있는 것은 단지 초끈이론뿐이다.

양자역학은 단독으로는 한계가 있다. 왜냐하면 19세기 물리학에서와 같이 아직 초끈이 아닌 점입자에 근거하고 있기 때문에 우리는 고등학교에서 중력이나 전기장과 같은 역장은 '역자승의 법칙', 즉 입자로부터의 거리가 멀리 떨어질수록 힘들도 약해진다는 법칙에 따른다는 것을 배웠다. 예를 들면, 태양으로부터 멀어질수록 태양에 의한 인력은 약해진다는 것이다. 그런데 또한 이것은 입자에 접근할수록 극적으로 힘이 증가한다는 것을 뜻하기도 한다. 실제로 입자 표면에서 점입자의 힘은 0의 제곱분의 1, 즉 1/0이다. 그러나 1/0이란 표현은 무한대를 뜻하며 잘 정의된 것이 아니다. 이론에 점입자를 도입하기 위해 치르는 대가는 에너지 같은 물리적인 양들의 모든 계산값이 1/0들인 수수께끼를 던져준다. 이것은 이론을 쓸모없는 것으로 만들기에 충분한 것이다.

이 문제는 그 후 반세기에 걸쳐 물리학자들을 따라다니며 괴롭혔다. 초끈이론의 출현으로 이 문제는 풀렸는데 그 이유는 초끈은 점입자들을 모두 버리고 그들을 끈으로 바꾸었기 때문이다. 하이젠베르크와 슈뢰딩거에 의해 만들어진 원래의 가정, 즉 양자역학은 단지 점입자에 근거해야만 한다는 가정은 단순히 너무 엄격하다는 것이다. 따라서 새로운 양자역학은 초끈이론 위에 세워질 수가 있는 것이다.

특수상대성이론 및 일반상대성이론을 양자역학과 결합시키는 이 이론의 열개는 단지 끈에서만 보이는 매력적인 특징이며 이것에 대해서는 다음 장에서 논의하기로 하자. 또한 그 과정에서 시간의 기원을 포함하는 우주의 가장 깊이 감춰져 있는 몇 가지 것을 규명할 것이다.

## 4. 무한대의 수수께끼

금고털이와 이론물리학자의 공통점은 무엇일까?

R. 파인먼(R. Feynman)은 세계에서 가장 철저하게 보안이 유지되고 있던 금고 몇 개를 연 숙련된 금고털이였다. 동시에 그는 공교롭게도 세계에서 유명한 물리학자였다. 파인먼 자신의 말에 의하면 금고털이와 이론물리학자는 무질서와 함께 널려 있는 실마리들을 걸러내고 문제 전체의 비밀 핵심인 미묘한 패턴을 함께 엮는 것에 노련하다는 것이다.

지난 50년간 물리학자들은 양자장론이라는 금고를 깨고 양자역학과 상대성이론의 성공적인 결합의 열쇠를 찾는 좌절된 일로 시간을 낭비해 왔다. 그러나 15년쯤 전에 겨우 물리학자들은 입자가속기로부터 얻어진 자료에서 발견된 관심을 끄는 실마리가 체계적인 꼴을 준다는 것을 알게 되었다.

오늘날 우리는 이 꼴을, 얼른 보기에 완전히 다른 것처럼 보이는 힘들을 연결하는 숨겨진 수학적 대칭성으로 나타낼 수 있다는 것을 알게 되었다. 이 대칭성이 양자장론에서 나타나는 무한대의 발산을 없애 주는 주된 구실을 하는데, 이들 대칭성이 무한대의 발산을 없애 줄 수 있다는 발견은 아마도 지난 반세기 동안에 걸친 물리학에서의 가장 큰 수확이라 생각된다.

## ♦ 장난꾸러기 파인먼

대칭성을 이용해 문제의 핵심이 되는 요소를 분리하는 숙련된 솜씨를 가진 파인먼은, 1949년에 처음으로 양자역학과 특수상대성이론을 하나로 묶는 데에 성공하였고, 이 일로 인하여 그와 그의 동료들이 1965년에 노벨상을 받았다.

양자전기역학(QED)이라고 부르는 이 이론은 약력이나 핵력 및 중력에는 적용할 수 없으나 광자(빛)와 전자만의 상호작용을 다룰 때는 오늘날 표준이 되는 이론의 골격을 이루고 있다. 그러나 그것은 여러 해 동안의 좌절 후에 특수상대성이론과 양자역학을 하나로 묶는 첫 번째로 중요한 진보를 기록한 것이었다.

이 새로운 이론인 QED와 상대성이론의 차이는 파인먼과 아인슈타인의 개성 차이만큼이다. 대부분의 다른 물리학자들과는 달리 아인슈타인은 농담을 좋아하며 기회가 있을 때마다 전통사회의 케케묵은 토템들을 놀려댔다.

그러나 아인슈타인이 농담을 좋아했다고 하면 물리학자 파인먼은 이국풍의 이상스러운 장난꾸러기였다.

파인먼이 젊었을 때 장난에 열중해 있었다는 것은 그가 1940년대 원자핵 계획에 참가하던 젊은 물리학자 시절의 일화에서 엿볼 수 있다. 금고털이로서 그의 우수한 능력을 과시하면서 어느 날 그는 원자폭탄에 관한 군사기밀을 담고 있는 로스앨러모스의 지하실에 있는 세 개의 금고를 연 것이다. 한 금고에는 어떻게 쉽게 금고를 열 수 있는가를 자랑하며 노란 종이에 갈겨쓴 안내문을 남겼고 '똑똑한 놈'으로부터라고 썼다. 그리고 마지막 금고에는 같은 안내문을 남겼고 '같은 놈'으로부터라고 썼다.

다음날 F. 드 호프만(F. de Hoffmann) 박사가 금고를 열고 세계에서 가장 철저히 보안이 유지되고 있는 기밀 서류들 위에 놓여 있는 신비스러운 이 안내문을 발견하고는 얼굴이 백지장처럼 하얗게 되었다.

파인먼은 뒤에 다음과 같이 회상하고 있다. "나는 사람이 두려울 때 그의 얼굴이 창백해진다는 걸 알았으나 결코 전에는 그것을 직접 보지는 못했다. 그런데 이것은 사실이다. 그의 얼굴은 회색, 누런 청색이었다. 무서워서 보고 있을 수가 없었다."[30]

드 호프만 박사는 신비스러운 '같은 놈'이라고 서명된 안내문을 읽고 즉시 외쳤다. "오메가 건물에 침투하려고 애쓰고 있는 사람과 같은 사람이다!" 그는 흥분해서 금고털이는 분명히 로스앨러모스의 다른 최고 비밀계획을 알아내려는 첩보원일 것이라고 생각하게 되었다. 다행스럽게도 파인먼은 곧 자기가 한 것이라고 고백했다. 파인먼의 유명한 금고털이 재능은 그가 양자장론으로부터 무한대들을 제거하는 훨씬 더 어려운 문제와 씨름할 때 매우 편리하게 이용되었다.

---

30) Richard P. Feynman, "*Surely You're Joking, Mr. Feynman!*"(New York: W. W. Norton, 1985).

## ♦ S-행렬—왜 하늘은 푸른가?

파인먼은 MIT 공대 학생 시절 자신에게 단순한 물음을 던졌다. "이론 물리학 분야에서 가장 중요한 문제는 무엇인가?" 분명히 그것은 양자장론에 늘 따라다니는 불길한 무한대의 제거였던 것이다.

파인먼은 전자나 원자와 같은 입자들이 서로 충돌할 때 무엇이 일어나는지를 수치적으로 예측하는 일에 착수했다. 이런 충돌을 다룰 때 물리학자들은 S-행렬이란 용어를 쓴다(여기서 S는 'scattering'의 머리글자에서 따왔다). 이 S-행렬은 입자가 충돌할 때 무엇이 일어나는지에 대한 모든 정보를 담고 있는 일련의 숫자들로 이것에 의해 많은 입자들이 어떤 에너지를 가지고 어떤 각도로 산란될지를 알 수 있다.

S-행렬을 계산하는 것이 대단히 중요한 것은, 만일 S-행렬을 완전히 안다면 물질의 모든 성질을 가시적으로 예측할 수 있기 때문이다.

S-행렬의 중요성 가운데 하나는 일상에서의 불가사의한 현상을 설명할 수 있다는 것이다. 예를 들면, 19세기의 물리학자들은 햇빛의 공중 산란에 S-행렬의 소박한 원형을 적용해 처음으로 왜 하늘이 푸르며 석양의 노을이 붉은지를 설명할 수 있게 되었다.

낮 동안 하늘을 살펴보면 햇빛은 공기 중의 분자들과 충돌하며 충돌 후에 공중의 모든 방향으로 불규칙하게 산란된다. 이때 푸른빛이 붉은빛보다 훨씬 쉽게 산란되며 하늘로부터 오는 빛은 거의 대부분이 산란된 빛이기 때문에 하늘은 푸르게 보이는 것이다. 그러나 만일 하늘에 공기가 없다면 하늘은 산란되는 빛이 없기 때문에 대낮에도 완전히 검게 보일 것이다. 예를 들면, 달에서는 햇빛을 산란시킬 공기가 거의 없어서 한낮에도 하늘은 칠흑 같다.

그러나 해가 질 때는 주로 해 자체를 보게 되며 이때 보게 되는 빛은 산란된 빛이 아니기 때문에 이런 반대 효과로 인해 해가 지는 언저리의 하늘이 붉게 보이는 것이다. 해 질 무렵 해는 거의 수평선 상에 있기 때문에 지는 해로부터 오는 빛은 우리들 눈에 도달하기 위해 수평선을 따라 도달한다. 따라서 상대적으로 많은 양의 공기를 통해 도달한다. 그래서 우리에게 햇빛이 도달할 때는 산란이 훨씬 쉬운 푸른 빛은 다 산란되어버리고 단지 붉은 빛만이 산란되지 않은 채 도달하게 된다.

같은 방법으로 1930년대의 양자물리학자들이 수소 원자와 산소 원자들의 충돌에 관한 S-행렬을 계산한 결과 물이 만들어질 수 있음을 보였다. 실제로 만일 원자들 사이의 모든 가능한 충돌에 관한 S-행렬을 안다면 원칙적으로 DNA 분자들을 포함해서 모든 가능한 분자들의 조성(組成)을 예언할 수 있다. 결국은 S-행렬에 생명의 기원 자체에 대한 핵심이 담겨 있다는 것을 뜻하는 것이다.

그러나 물리학자들이 직면하고 있는 근본적인 문제는 양자역학을 빛의 속도에 가까운 속도의 영역으로 확장했을 때 아무 쓸모가 없다는 사실에 있었다. 이미 1930년 J. R. 오펜하이머는 양자역학이 특수상대성 이론과 결합될 때 S-행렬에 일련의 무의미한 무한대들이 나온다는 것을 예측했다. 그는 만일 이들 무한대들을 소거할 수 없다면 이 이론은 버려야만

한다고 비통하게 쓰고 있다.

1940년대에 접어들어 파인먼은 그의 최고의 금고털이 기술을 사용하여 종잇조각에 기묘하게 갈겨썼다. 이것은 전자가 서로 충돌할 때 무엇이 일어나는지를 그림으로 나타낸 것이다. 갈겨쓴 것의 하나하나가 실은 엄청난 양의 장황한 수학에 관한 속기(速記)였기 때문에 파인먼은 통상적으로는 수개월이 걸리는 고통스러운 일을 요하는 수백 페이지의 수식을 압축해 다루기 힘든 무한대를 쉽게 추출해냈다.

이 수학적인 낙서에 의해 그는 복잡한 수학의 숲에서 헤메고 있던 사람들보다 더 멀리 내다볼 수 있게 되었다.

당연히 '파인먼 도식'은 물리학계에서 논란의 근원이 되었고 학계는 이것들을 어떻게 다뤄야 할지 분열되었다. 파인먼은 이 도식의 규칙을 유도할 수 없었기 때문에 반대자들은 이 도식들이 우스꽝스럽거나 또는 그의 또 다른 농담이라고 생각했다. 그의 반대자들 몇몇은 하버드대학의 J. 슈윙거(J. Schwinger)와 도쿄대학의 도모나가 신이치로(朝永振一郎)에 의해 체계화된 다른 꼴의 QED를 선호했다. 그러나 보다 통찰력이 있는 물리학자들은 파인먼 도식에 보다 깊은 의미가 있는 그 어떤 것이 있다는 것을 알게 되었다. 프린스턴대학의 물리학자인 다이슨은 이 혼란의 원인을 다음과 같이 설명하고 있다.

딕(파인먼의 애칭)의 물리를 보통 사람이 이해하기가 어려운 이유는 그가 방정식을 사용하지 않았기 때문이다. 뉴턴 시대 이후 이론물리학자들이 썼던 일반적인 방법은, 방정식들을 써놓고 그것으로부터 필사적으로 이 방정식들의 풀이를 얻는 것이었다. …그런데 딕은 결코 방정식을 쓰지 않고 그의 머리로부터 풀이를 바로 얻었다. 그는 어떤 일이 일어나는가에 대한 물리적인 이미지를 가지고 있었기 때문에 최소한의 계산을 통해 직접 풀이를 구할 수 있었다. 방정식의 풀이를 구하는 데 인생을 허비했던 사람들이 곤혹스러웠던 것은 당연하다. 이들의 마음은 분석적이었으나 딕의 마음은 회화적이었던 것이다.[31]

파인먼의 낙서가 중요했던 것은, 그것에 의해 게이지 대칭성을 완전히 활용할 수 있었고 지금까지도 계속되고 있는 물리학 혁명의 시작이었기 때문이다.

### ♦ 조립식 장난감과 파인먼 도식

고무로 된 조립식 장난감을 가지고 놀아보자. 다만, 조립식 장난감에 세 종류만 있다고 하자. 즉, 곧은 막대(움직이는 전자), 구불거리는 막대(움직이는 광자) 및 두 곧은 막대들과 구불거리는 막대를 연결해주는 (상호작용을 나타내는) 연결자로 구성되어 있다고 하자.

이제 이들 조립식 장난감을 모든 가능한 방법으로 연결하기로 하자.

---

31) Dyson, *Disturbing the Universe*, 55-6.

예를 들면, 두 전자의 충돌부터 시작해보자. 아주 간단한 이들 조립식 장난감을 사용해 전자가 어떻게 충돌하는지를 나타내는 무한개의 도식들을 만들어낼 수 있다.

조금만 연습하면 물리학을 전혀 모르는 초보자도 두 개의 전자들이 어떻게 충돌하는지를 나타내는 수백 가지의 조립식 장난감 도식을 만들어낼 수 있다.

물론 이 도식들은 믿기 어려울 정도로 간단하다. 무한개의 파인 먼 도식이 있으며 이들은 각각 명확한 수학적 표현을 나타내며 이들을 더하면 S-행렬을 준다.

기본적으로 만들 수 있는 도식에는 두 종류가 있는데 하나는 도식 C에 있는 '올가미'와 도식 A처럼 올가미는 없고 나뭇가지를 닮은 '나무'가 그것이다.

파인먼은 나무 도식들은 유한하며 실험과도 일치하는 좋은 결과를 준다는 것을 알았다. 그러나 올가미 도식은 의미 없는 무한대를 주는 골칫거리였다.

실제로 이들 올가미 도식이 발산하는 것은 이 이론이 아직 점입자에 근거하고 있기 때문이다. 본질적으로 1940년대의 양자물리학자들은, 19세기의 물리학자들에 의해 확인되었던 문제를, 점입자의 에너지가 1/0이라는 것을 재발견한 것이다.

오늘날 초끈이론은 전자와 광자에 대해서 뿐만 아니라 심지어는 중력 상호작용에 대해서도 모든 이러한 발산들을 매우 쉽게 제거할 수가 있다.

그러나 이미 파인먼은 1940년대에 무한대 문제에 대해 부분적 풀이를 QED에서 얻었던 것이다.

파인먼의 풀이는 매우 신기한 것이었지만 거기에도 논의의 여지는 있었다. QED는 전자의 전하와 질량으로 주어지는 두 매개변수를 가지고 있는 이론이다. 맥스웰 방정식에는 특수상대성이론 외에도 게이지 대칭[32)]이라고 하는 또 다른 대칭을 가지고 있어 이것에 의해 파인먼은 많은 도식들을 분류했으며, 마침내 전자의 전하와 질량을 간단히 다시 정의해 무한대를 흡수 또는 소거할 수 있다는 것을 발견했다.

처음에는 무한대에 관한 속임수 같은 이런 방법이 강한 회의론에 부딪혔으나 결국 이런 방법이 ('발가벗은' 질량과 전하라고 부르는) 전자의 원래의 질량과 전하는 근본적으로는 무한대이지만 도식으로부터 나타나는 무한대를 흡수해, 즉 재규격화해 유한한 값을 갖게 한다는 것으로 받아들여졌다. 무한대 빼기 무한대가 과연 의미 있는 결과를 줄 수 있겠는가? (물리학 용어로 쓰면 ∞-∞=0인가?)

반대론자 입장에서 보면 올가미로부터 나오는 한 조의 무한대를 써서 전하와 질량으로부터 오는 다른 한 조의 무한대를 없애는 것은 요술과 같

---

32) 파동방정식은 시공간의 모든 점에서 정의된다. 만일 시공간의 모든 점에서 똑같이 회전 했을 때 방정식이 바뀌지 않았다면 이 방정식은 온 데(global) 대칭을 가지고 있다. 그리고 만일 시공간의 모든 점에서 다르게 회전했을 때 방정식이 불변이었다면 이 식은 군데(local) 또는 게이지 대칭이라는 보다 복잡한 대칭을 가지고 있다. 오늘날에는 게이지 대칭이 양자장론의 원치 않는 모습들을 제거하는 유일한 방법인 것처럼 보인다.

은 것으로 양자역학과 상대성이론을 결합하는 지식의 근본적인 발전이라고는 생각하지 않았다. 사실 디랙은 수년간 재규격화이론(*renormalization theory*)이 자연에 관한 심원한 도약을 뜻하기에는 너무 서투르다고 비판했다. 디랙에게 있어서 재규격화이론은 카드 사기꾼처럼 파인먼 도식이 담긴 카드를 재빨리 섞으면서 무한대가 담긴 카드를 불가사의하게 사라지게 하는 것과 같다는 것이었다.

한 번은 디랙이 "이것은 수학적으로 의미가 없다. 적은 것이라고 판명된 양을 무시하면 수학적으로 의미가 있지만 그것은 무한대 값을 갖기 때문에 그것을 무시할 수 없으며 여러분들도 그것을 원하지 않는다"[33]라고 말했다.

그러나 실험 결과에는 의문의 여지가 없었다.

1950년대에 무한대를 흡수하는 방법을 제시한 재규격화를 위한 파인먼의 새로운 이론은 물리학자들로 하여금 믿을 수 없을 정도의 정확성을 가지고 수소 원자의 에너지 준위들을 계산할 수 있게 했다. 다른 이론들은 QED의 환상적인 계산 정확도를 따라갈 수 없었다. 비록 이 풀이가 약력, 강력 및 중력에는 적용되지 못하고 단지 전자와 광자에 대해서만 잘 들어 맞았지만 이것은 부인할 수 없는 경이로운 성공이었다.

파인먼의 이론과 슈윙거와 도모나가의 이론이 동등하다는 것으로 입증된 후, 이들 세 사람은 QED에서의 무한대를 제거한 공로로 1965년 노

---

33) John Gribbin, *In Search of Schrödinger's Cat*(New York: Bantam Book, 1984), 259.

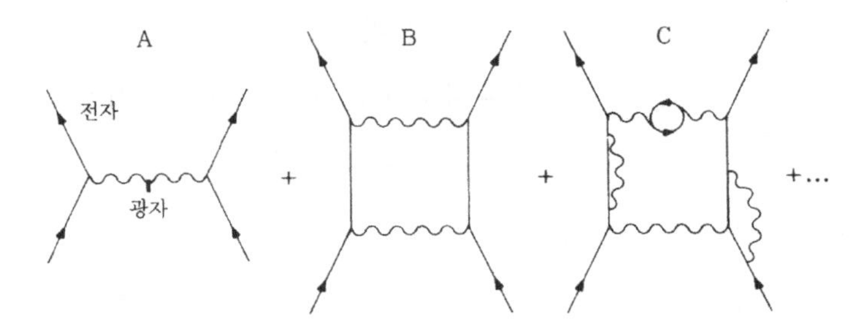


파인먼에 따르면 두 개의 전자(곧은 막대에 의해 나타내어지는)가 충돌할 때 이들이 광자(구불거리는 막대에 의해 나타내지는)들을 교환한다. 도식 A는 충돌하는 전자들이 광자 하나를 교환하며, 도식 B에서는 광자 두 개를 교환하며, 도식 C에서는 많은 광자들을 주고받고 있다.

벨상을 받았다. 지금 다시 돌이켜보면 진정한 성취는 QED에서의 무한대들의 기적적인 상쇄에 중요한 구실을 한, 맥스웰의 게이지 대칭성을 이용한 데에 있었다. 계속 반복해서 발견된 대칭성과 재규격화 사이의 상호작용은 물리학의 가장 불가사의한 것의 하나이다. 한편 물리학에서 지금까지 발견된 것 가운데 가장 큰 대칭성을 가진 초끈이론이 이런 불가사의한 성질을 가지고 있는 것은 이 강력한 대칭성 때문이다.

## ◆ 재규격화이론의 실패

1950년대부터 1960년대에 걸쳐서 파인먼 규칙은 물리학에서 크게 유행했다. 미국에서 최고 수준의 많은 연구소의 칠판에는 한때 빽빽하게 방정식으로 채워졌으나 지금은 나무와 올가미로 채워진 예쁜 그림들로 채워지게 되었다. 갑자기 누구든지 종이 위에 갈겨쓰며 조립식 장난감 같은 도식을 구성하는 데 전문가가 된 것같이 보였다.

물리학자들은 파인먼 규칙과 재규격화이론이 QED를 푸는 데 성공적이었기 때문에 또다시 강력 및 약력도 재규격화할 수 있지 않겠는가, 하고 생각하게 되었다.

그러나 1950년대와 1960년대는 잘못된 출발에 의해 혼란기를 맞이했다. 파인먼 규칙은 강한 상호작용과 약한 상호작용을 재규격화하기에는 충분하지는 않았다. 물리학자들은 게이지 대칭성의 중요성을 알지 못하고 수백 가지 막다른 길을 조사했지만 실패하고 말았다.

혼돈의 20년이 지나고 드디어 약한 상호작용에 관해 괄목할 만한 발견이 있었다. 맥스웰 시대 이후 100년 만에 처음으로 자연에 존재하는 힘들이 통일을 향해 한 걸음 더 내딛게 된 것이다. 여기서도 또 수수께끼의 비밀은 게이지 대칭성에 있었던 것이다.

### ◆ 재규격화와 약한 상호작용

약한 상호작용은 전자와 '뉴트리노'라고 하는 전자의 짝에 관한 행동에 관계가 있다. 약하게 상호작용하는 입자들을 통칭하여 '경입자(*lepton*)'

라고 부른다. 우주에 있는 모든 입자 가운데서 뉴트리노는 가장 기묘한 것으로 제일 붙잡기가 어렵다. 전하도 없고 거의 질량도 없으며 몹시 탐지하기가 어렵다.

그것은 실제로 방사성 붕괴 시에 발견된 이상한 에너지 결손을 설명하기 위해 1930년에 순전히 이론적인 배경에서 파울리에 의해 예언되었다. 파울리는 손실된 에너지는 실험에서 검출되고 있지 않는 새로운 입자에 의해 빼앗긴 것이라는 것을 추측했다.

1933년 위대한 이탈리아 물리학자인 E. 페르미(E. Fermi)는 '뉴트리노'라고 부르는 이 붙잡기 어려운 입자에 관한 포괄적인 이론을 처음으로 발표했다. 그러나 뉴트리노에 관한 완전한 생각은 너무 추리적이었기 때문에 처음에 그의 논문은 영국 학술지인 네이처에 의해 출판을 거절당했다.

뉴트리노는 매우 투과력이 강하며 그 존재의 자취를 남기지 않기 때문에 그에 관한 실험이 어렵다는 것으로 널리 알려져 있다. 실제로 뉴트리노는 쉽게 지구를 투과할 수 있다. 일 초마다 우리들의 몸은 지구 반대쪽 외계로부터 지구로 들어와 지구 중심을 관통하고 방바닥을 뚫고 올라온 뉴트리노들로 벌집이 되고 있다. 실제로 태양계 전체의 공간을 고체인 납으로 가득 채우더라도 몇 개의 뉴트리노는 이 뚫기 어려운 장벽을 관통할 수 있다.

뉴트리노의 존재는 핵반응로에 의해 생성된 거대한 복사를 연구하던 매우 어려운 실험을 통해 1953년에 드디어 확인되었다. 그 발견 이후 수년에 걸쳐 발명가들은 뉴트리노에 관한 실용적인 사용 방법에 관해 생각해내려고 애썼다. 그 가운데서도 가장 야심적인 것은 '뉴트리노 망원경'의 전설이었다.

이 망원경을 쓰면 직접적으로 수백 마일의 딱딱한 바위 속을 들여다볼 수 있어서 귀중한 매장 원유나 희귀 광물들을 발견할 수 있다. 지구 표면을 투과해 지진의 원인을 알 수 있으며 지진을 예측함으로써 무수한 생명들을 구할 수 있을 것이다. 뉴트리노 망원경의 착상은 완벽하게 좋은 것이나 함정이 하나 있다. '뉴트리노를 멈출 수 있는 사진 필름을 어디에서 발견할 것인가? 하는 것이다. 즉, 수조 톤이나 되는 바위를 투과하는 입자는 쉽게 사진 필름을 투과하기 때문이다.

다른 제안은 '뉴트리노 폭탄'을 만드는 것이다. 물리학자 H. 페이겔스(H. Pagels)는 "이것은 평화론자가 좋아할 무기이다. 이런 폭탄은 종래의 핵무기처럼 비싸겠지만, 흐느끼는 소리를 내며 폭발하며 목표 지역에 많은 뉴트리노 선속을 퍼붓는다. 모든 사람은 경악하게 되고 뉴트리 노는 모든 것을 통과해 해로움을 끼치지 않고 날아갈 것이다"[34]라고 기술하고 있다.

약한 상호작용의 불가사의는 뉴트리노와 더불어 '뮤온'이라 부르는 약한 상호작용을 하는 또 다른 입자의 발견으로 한층 심화되었다. 1937년에 이 입자가 우주선 사진 속에서 발견되었을 때 전자와 거의 모든 성질은 같았으나 질량은 200배나 더 무거웠다. 어느 점으로 보나 단지 '무

34) Heinz Pagels, *The Cosmic Code(*New York: Bantam Books, 1983). 217.

거운 전자'였던 것이다.

물리학자들은 질량을 빼고는 전자가 쓸모없는 쌍둥이인 것처럼 보이는 데 대해 혼란되었다. 왜 자연에는 전자의 복제품이 생겨났을까? 하나로는 충분하지 않은 것일까? 이 중복된 입자가 발견되었다고 했을 때 컬럼비아대학 물리학자이며 노벨상을 수상한 I. I. 라비(I. I. Rabi)는 "누가 그것을 주문했는가?"라고 외쳤다.

설상가상으로 1962년 물리학자들은 롱아일랜드 브룩헤이븐에 있는 입자가속기를 써서 뮤온 역시 그 자신과 짝이 되는 뮤온 뉴트리노를 가지고 있다는 것을 알았다. 1977년에서 1978년 사이 스탠퍼드대학과 독일의 함부르크대학에서 행한 실험에서, '타우' 입자라 부르며 질량이 전자의 3,500배나 되는 또 하나의 전자와 또 그와 짝을 이루는 타우 뉴트리노가 존재한다는 것을 발견하게 되어 사태는 정말 미궁을 헤매게 되었다. 그래서 이제 세 종류의 전자와 또 각각의 짝이 되는 뉴트리노들이 자연에 존재한다는 것을 알았으며 이 전자들은 질량을 제외하고는 다른 모든 성질들은 같다는 것을 알게 되었다. 자연은 단순하다고 하는 물리학자들의 신념은 경입자의 가족이 세 쌍이나 존재한다는 것에 몹시 동요되었다.

약한 상호작용에 관한 문제에 직면했던 물리학자들은 이전의 이론으로부터 유추를 통해 새로운 이론을 만들어냈던 전통적인 방법을 썼다. QED의 본질은 전자 상호 간의 힘을 광자의 교환으로 설명했다. 같은 논법에 의해 물리학자들은 전자와 뉴트리노 사이의 상호작용은 (*weak*란 말에서 따온) W-입자라고 부르는 새로운 입자의 교환으로 일어난다는 것을 추측했다. 그 결과 전자, 뉴트리노 및 W-입자로 구성된 이론은 전자를 뜻하는 곧은 막대, 뉴트리노를 뜻하는 점선 막대, W-입자를 나타내는 구불거리는 막대인 세 종류의 조립식 장난감 및 연결자로 설명할 수 있게 되었다. 전자들이 뉴트리노와 충돌할 때 이들은 단순히 W-입자 한 개를 위 그림과 같이 교환한다.

여기에서도 또 조금만 연습해보면 W-입자의 교환에 의해 일어나는 약한 상호작용의 과정을 나타내는 수백 가지의 파인먼 도식들을 구성하는 것은 그다지 어렵지 않다.

그러나 문제는 이 이론이 재규격화가 불가능하다는 것이다. 아무리 파인먼같이 재주를 부리더라도 이 이론은 무한대의 문제를 가지고 있었다. 이 문제는 파인먼에 의해 만들어진 규칙에 있는 것이 아니라 W-입자에 관한 이론 자체가 불치의 병을 가지고 있었다는 데 있는 것이었다. W-입자 이론은 엄청난 실패였다. 지금은 우리가 알고 있지만 이 실패의 원인은 W-입자 이론이 맥스웰 방정식 같은 게이지 대칭성을 가지고 있지 않았다는 데 있었던 것이다.

그 결과로 약한 상호작용에 관한 이론은 30여 년 동안 시들해졌다. 붙잡기가 어렵다고 악명이 자자한 뉴트리노의 성질 때문에 실험이 어려웠을 뿐만 아니라 W-입자 이론 자체가 완전히 받아들여질 수 없었기 때문이었다. 물리학자들은 수십 년에 걸쳐 이 이론을 가지고 야단법석을 떨었으나 의미심장한 발전을 이룩하지는 못했다.

## ♦ 약한 전자기이론의 성공

1967년과 1968년에 걸쳐 S. 와인버그, A. 살람 및 S. 글래쇼는 광자와 W-입자 사이의 굉장한 유사성을 알게 되었다. 곧 이들은 다음과 같은 추측을 했다. 비록 아인슈타인이 빛과 중력을 통일하려고 애써왔으나 어쩌면 올바른 통일 방향은 광자와 약한 상호작용을 매개하는 W-입자를 하나로 통일하는 것일지 모른다고 추측했던 것이다.

그러나 약한 전자기이론이라고 부르는 이 새로운 W-입자 이론은 그 당시 알려진 것 가운데 가장 세련된 꼴의 게이지 대칭성을 가진 양-밀스 이론을 쓴 것으로 이전의 W-입자 이론과는 결정적으로 달랐다. 1954년에 공식화된 이 이론은 맥스웰이 상상했던 것보다도 더 많은 대칭성을 가지고 있었다(이 양-밀스 이론은 제6장에서 설명하기로 하자).

양-밀스 이론에는 (수학적으로 SU(2)×U(1)이라고 하는) 새로운 수학적 대칭성이 있어서 와인버그와 살람은 약한 상호작용과 강한 상호작용을 대칭적으로 다루었다. 이 이론에 따르면 전자와 뉴트리노는 실제로 같은 동전의 앞뒷면과 같다는 것이었다(그러나 이 이론은 왜 자연에 세 번씩이나 중복된 전자 가족들이 있는지를 설명하지는 못했다).

비록 이 이론이 그 당시 가장 야심적이고 발전된 이론이었지만 아무도 눈썹도 까딱하지 않았다. 물리학자들은 이 이론도 모든 다른 이론의 종말처럼 재규격화가 불가능해 무한대의 문제를 안고 있으리라 생각했던 것이다.

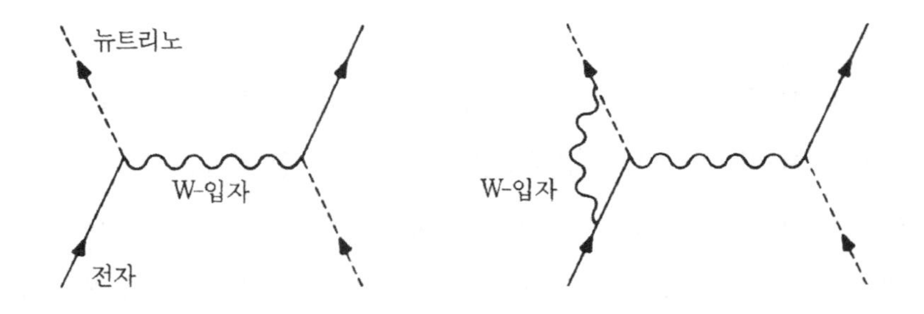


W-입자 이론에 따르면 곧은 막대로 나타낸 전자는 점선 막대인 뉴트리노와 충돌하며 구불거리는 선들로 나타낸 일련의 W-입자들을 서로 교환한다.

와인버그는 그의 논문에서 어쩌면 W-입자 이론의 양-밀스 판은 재규격화가 가능할지도 모른다고 추측했으나 아무도 그를 믿지 않았다.

그러나 1971에 이 모든 게 바뀌었다.

W-입자 이론에 항상 붙어 다니던 무한대로 인해 30년간 고생을 했으나 24살의 네덜란드 대학원생 G. 토프트가 양-밀스 이론은 재규격화가 가능하다는 것을 증명하면서 극적인 발전을 하게 되었다. 무한대가 상쇄되는 것을 나타내는 계산을 검사하기 위해 토프트는 계산을 컴퓨터로 하였다. 토프트가 그의 계산 결과를 기다리는 동안 느꼈을 흥분의 순간은 쉽게 상상할 수 있을 것이다. 후에 그는 "그 검사 결과는 1971년 7월에 접하게 되었고 프로그램의 출력은 완벽하게 줄줄이 영이었다. 모든 무한

대는 완전히 상쇄되었다"[35]라고 회상했다.

이리하여 제일급의 화산활동이 물리학계를 흔들어놓았던 것이다.

수개월도 못되어 수백 명의 물리학자들이 앞을 다투어 토프트의 기술과 와인버그와 살람의 이론을 배우기 시작했다. S-행렬이론으로부터 처음으로 무한대가 아닌 실수값이 흘러나왔다. 이 이전인 1968년부터 1970년까지는 와인버그와 살람의 이론에 대해 언급한 논문이 하나도 출판되지 않았다. 그러나 그들의 연구 결과에 대한 충분한 영향이 인식된 1973년에는 그들의 이론에 관한 논문이 162편이나 출판되었다. 어쨌든 물리학자들이 아직은 완전히 이해하지는 못했으나 양-밀스 이론에 담긴 대칭성이 이전의 W-입자 이론을 괴롭혔던 무한대를 완전히 소멸시켰다. 여기가 대칭성과 (제6장에서 다루게 될) 재규격화 방법 사이의 놀랄 만한 상호 연관성인 것이다. 이것은 또한 대칭성이 어째서 양자장론에 있는 발산하는 양들을 상쇄하는가 하는 이전의 QED를 연구하던 물리학자들에 의한 발견의 재현이기도 했던 것이다.

### ♦ 글래쇼—혁명적 무정부주의자

S. 와인버그와 S. 글래쇼는 뉴욕에 있는 유명한 브롱크스 과학고등학

35) Paul Davies, *Superforce*(New York: Simon&Schuster, 1984), 123.

교의 동급생이었으며 그들은 친한 친구로 과학공상모임 잡지에 글을 기고하기도 했다. 브롱크스 과학고등학교는 물리학에서 세 명의 노벨상 수상자들을 길러냈다.

비록 와인버그와 글래쇼가 통일이론에 관해 같은 결론을 얻었지만 이들의 성격은 확실히 대조적이었다. 친구들 가운데 한 사람은 *Ther Atlantic Monthly*에서 이런 말을 했다. "스티브(와인버그)는 보수주의자였고 셸리(글래쇼)는 혁명적 무정부주의자였다. 스티브는 혼자 능력을 발휘하는 타입인 반면 셸리는 다른 사람과 더불어 그 능력을 발휘했다. 그는 게으름뱅이였다. 그는 아침에 대부분은 틀린 네 가지 또는 다섯 가지의 거친 생각을 해내며 다른 사람들이 그것들을 찢어발기기를 기대한다. 스티브는 민감하며 내성적인 반면 셸리는 사교적이며…"[36)]

어째서 글래쇼는 이런 미친 것 같은 짓을 했는가?

글래쇼는 그 성격상 난폭한 혁명적 무정부주의자일지도 모르나 그가 아이디어에 도달하는 방법은 끊임없이 새로운 아이디어를 내는 것이었다. 비록 이 아이디어들의 대부분은 미친 짓이며 불가능한 것이었지만 이들 가운데 몇몇은 물리학에서의 진정한 발전을 가져오게 했다. 물론 그는 틀린 아이디어를 내버리기 위해 다른 사람의 도움을 필요로 했으나 그럼에도 불구하고 그는 많은 사람들이 가지고 있지 않는 창조적 직관력을 가

---

36) Robert P. Crease and Charles C. Mann, "How the Universe Works," *The Atlantic Monthly(*August 1984): 87.

지고 있었다. 이론물리학에서 단지 똑똑한 것만으로는 충분치 않다. 또한 과학상의 발견 과정에서 없어서는 안 될 새로운 아이디어(물론 그 가운데에는 이상한 것도 있지만)를 생각해낼 수 있어야만 하는 것이다.

글래쇼는 또한 새로운 입자들을 도입하기를 좋아해 물리체계를 당황하게 하기도 했다. 그가 어떤 비정상적인 입자를 특이하게 제안한 후 그의 동료인 H. 조지(H. Georgi)는 "이것은 그가 권위에 돌을 던지는 또 하나의 방법이었다"[37]라고 말했다.

글래쇼는 또한 괴짜 교수로 평판이 나 있다. 가쿠는 하버드대 학생 시절, 글래쇼가 강의하는 고전 전기역학을 들었다. 학기말 시험 중간에 모든 학생들이 문제를 풀기 위해 진땀을 흘리고 있는데 글래쇼가 불쑥 말하기를 "아! 그런데 5번 문제는 아직까지 나 자신도 풀지 못한 문제다. 만일 여러분 중에 답을 얻는다면 부디 나에게 말해 달라"라고 했다. 그러자 강의실 안의 모든 학생들은 놀라서 서로 쳐다보았다.

1979년 약한 전자기이론에 관한 노벨상 수상 연설에서 글래쇼는 그의 눈앞에 전개된 원자 크기 이하에서의 힘의 통일을 이룩했을 때의 엄청난 흥분을 다음과 같이 요약했다. "1956년 내가 이론물리학을 시작했을 때, 입자물리학의 연구는 조각조각을 붙이는 일 같았다. 전기역학, 약한 상호작용 및 강한 상호작용은 명백히 과목들이 분리되어 있어 독립적으로 가르쳤고 또한 독립적으로 연구되었다. 그들 모두를 기술하는 한결같

37) 같은 책, 89.

은 이론이 없었다. 모든 것은 바뀌었다. 오늘 우리는 강한 상호작용, 약한 상호작용 및 전자기 상호작용 모두가 하나의 원리로부터 기술되는 입자 물리학의 표준을 갖게 된 것이다. 이제 우리가 갖는 이 이론은 종합적 예술 작품인 것이며 조각나 있던 것이 하나의 작품이 된 것이다."[38]

## ◆ 중간자와 강한 상호작용

약한 전자기 이론의 불후의 성공에 현혹된 물리학자들은 강한 상호작용을 해결하는 데에 그들의 관심을 돌렸다.

행운은 세 번 찾아오는 것일까?

QED와 약한 전자기 이론에서의 발산은 게이지 대칭성에 의해 제거되었다. 그런데 강한 상호작용의 무한대 역시 게이지 대칭성에 의해 제거가 가능하겠는가? 그 답은 가능하다는 것이다. 수십 년 동안의 혼란을 통해서 이런 결론에 도달했다.[39]

---

38) Sheldon Glashow, Nobel Prize Acceptance Speech, Stockholm, 1979.

39) S-행렬을 얻기 위해서는 무한히 많은 파인먼 도식들을 더하지 않으면 안 된다. 얼른 보면 절망적인 것처럼 보이나 실제로는 QED의 파인먼 도식들은 최초의 일군(一群)만을 더해도 정확한 실험값으로 급속히 수렴한다. 이 급수가 수렴하는 것은 파인먼 도식들의 각군(各群)이 앞선 군보다 1/137만큼 작기 때문에 급수가 매우 급속히 작아지는 것이다. 급속히 작아지는 파인먼 도식들의 무한집합군(無限集合群)을 더하는 이 방법을 섭동 이론이라 부른다. 섭동이론은 QED와 약한 전자기이론에서는 놀라울 정도로 잘 들어맞으나 강한 상호작용과 중력 상

강한 상호작용에 관한 이론의 기원은 1935년 일본물리학자인 유카와 히데키(湯川秀樹)가 원자핵 안에 있는 양성자와 중성자는 '파이 중간자' 라고 하는 입자의 교환에 의해 만들어진 새로운 힘에 의해 결합되어 있다 라는 가설을 제안한 때로 거슬러 올라간다. 전자와 핵 사이의 광자의 교환이 원자를 결합시키고 있다는 QED 이론과 같이 유카와는 이 중 간자

---

호작용에 적용할 때는 불행히도 잘 들어맞지 않는다.

섭동이론이 강한 상호작용에서 실패했던 이유는 파인먼 도식들의 무한 집합이 실제로는 발산하기 때문이다. 올가미의 수를 증가시킴에 따라 항(項)은 작아지지 않고 점점 커진다. 따라서 섭동이론은 절망적인 것처럼 보인다. 필연적으로 강한 상호작용을 계산할 때는 섭동이론을 포기하고 비 섭동론적인 방법을 써야만 하는데 이 방법은 일반적으로 매우 어려우며 풀이가 없는 것도 많다. 지금까지 알려진 것으로는 양성자의 특성을 계산할 수 있는 가능성이 있는 유일한 방법을 K. 윌슨의 격자 게이지 이론으로 이 이론에서는 시공간이 단지 알갱이 꼴의 격자로 이루어졌다고 가정 하고 있다. 격자 게이지 이론은 글루온 입자가 쿼크를 묶고 있는 끈 모양으로 응집되어 있다는 것을 예언하고 있다. 격자 게이지 이론에서 확실한 결과를 얻기 위해서는 지금까지 만들어진 최대 용량의 컴퓨터가 여러 대 필요하다.

섭동이론이 중력에서 실패한 이유는 전혀 다른 이유에서이다. 하이젠베르크가 수십 년 전에 언급했듯이 양자중력이론에서의 파인먼 도식들의 각 군은 차원이 다르기 때문에 더할 수가 없다(즉, 마치 사과와 귤을 합하려는 것과 같다). 이것이 뜻하는 것은 파인먼 도식들의 각 군이 자체로 유한하지 않으면 안 된다는 것이다. 하이젠베르크는 수십억의 수십억 배나 되는 파인먼 도식을 전부가 자체로 유한해야 한다는 것은 기적이라고 생각했다. 실제로는 현재 중력의 양자이론은 올가미가 두 개인 수준에서 발산하기 때문에 양자중력이론이 유한하리라는 희망을 끝났다는 것을 컴퓨터로 명백히 밝혔다. 단지 초끈이론에서만 '기적'이 일어난다—높은 차(次)의 도식들이 각각 자체로 유한하며 재규격화도 필요로 하지 않는다. 이 '기적'의 원인은 초끈이론에 담겨 있는 강력한 대칭성에 있다.

의 교환이 원자핵을 결합시키고 있다고 제안했던 것이며 게다가 그는 이 가설의 입자의 질량까지 예측했다.

유카와는 자연에서 도달거리가 짧은 힘들은 질량이 무거운 입자의 교환으로 설명할 수 있다고 주장한 최초의 사람이었다. 실제로 약한 상호작용을 매개하는 입자로 몇 년 후 W-입자가 제안되었던 것도 그 원리의 아이디어는 유카와의 중간자 가설에서 기인한 것이었다.

1947년 영국 물리학자 C. 파월(C. Powell)은 실제로 그의 우주선 관측 실험을 통해 중간자를 발견했다. 이 입자는 유카와에 의해 12년 전에 예측되었던 질량에 매우 접근한 질량값을 가졌다. 강한 상호작용의 의문을 해결하는 이 선구자적인 연구 업적으로 해서 유카와는 1949년 노벨 물리학상을 받았고 파월은 다음 해에 노벨상을 받았다.

비록 이 중간자이론이 (재규격화가 가능했으며) 꽤 성공을 거두었지만 그것이 완성된 이론을 뜻하는 것은 아니었다. 1950년대와 1960년대에 걸쳐 물리학자들은 전국 각지의 연구소에서 입자가속기를 사용해 강한 상호작용을 하는 입자를 수백 가지나 발견했다. 이것들을 지금은 '강입자(*hardron*)'이라 부르고 있는데 여기에는 중간자뿐만 아니라 양성자나 중성자와 같이 강한 상호작용을 하는 다른 입자들이 모두 포함되어 있다.

수백의 강입자들의 존재는 너무 많다는 데에 곤혹스러웠다. 과학자들이 원자핵 규모보다 작은 영역을 탐구할 때 자연이 왜 갑자기 단순하지 않고 더 복잡해졌는지를 설명할 수가 없었다. 대조적으로 1930년대에는 모든 게 매우 단순해 보여 모든 우주는 단지 네 가지 입자와 두 가지 힘(즉 전자, 양성자, 중성자, 뉴트리노 및 빛과 중력)으로 이루어졌다 고 생각했다. 말 그대로 소립자들은 그 수가 적지 않으면 안 되는 것이다. 1950년대에 물리학자들은 전국의 연구소에서 발견된 새로운 강입자들에게 이름 붙이기에 정신이 없었다. 명백히 이 혼돈으로부터 무언가 의미를 찾기 위해 새 이론이 요구되었다. 노벨상을 수상한 E. 페르미는 각각 이상하게 발음되는 그리스 이름이 붙은 산더미 같은 새로운 강입자들을 보고 "만일 내가 이 모든 입자들의 이름을 기억할 수 있으면 나는 식물학자가 되었을 것이다"[40]라고 탄식했다고 한다.

J. R. 오펜하이머는 그 해에는 새로운 입자를 발견하지 않은 물리학자에게 노벨상을 주어야 한다고 농담하기도 했다.

1958년에는 강한 상호작용을 하는 입자와 수가 꽤 급속히 늘어나 캘리포니아 버클리대학의 물리학자들이 이들 입자들을 기록하는 연감을 발행했다. 최초의 연감은 19페이지로 16개의 입자를 수록했다. 1960년에는 입자의 수가 많아져 포켓 카드를 포함해 매우 늘어난 연감을 출판했다. 1984년에는 연감이 304페이지로 늘어났으며 여기에 200개 이상의 입자가 수록되었다.

비록 재규격화가 가능하지만 유카와 이론은 연구소로부터 출현한 이 입자 동물원을 설명하기에는 아직은 너무 초라했다. 명백히 재규격화만으로는 불충분했다. 간과했던 것은 대칭성이었다. 우리가 앞에서 보았듯

---

40) Nigel Calder, *The Key to the Universe*(New York: Penguin Books, 1981), 69.

이 W-입자 이론에서 결핍된 요소는 양-밀스 이론의 게이지 대칭성이었던 것이다. 수십 년 동안의 혼란을 겪고 강한 상호작용에 대해서도 같은 교훈을 적용했던 것이다.

## ◆ 세계 속의 세계

비슷한 보기를 탐구하여 물리학자들은 1800년대의 화학자들이 직면했던 혼란을 생각해냈다. 그 당시 화학자들은 존재가 알려진 수억 개의 화합물로부터 의미를 추측하는 방법을 찾았다. 첫 번째 진보는 1869년 러시아 화학자인 D. 멘델레예프(D. Mendeleev)가 이 모든 화합물이 멘델레예프 주기율표라고 부르는 아름다운 도표 속에 배열될 수 있는, 단순한 요소들의 집합으로 줄어들 수 있다는 것을 보인 때 이루어졌다. 모든 고등학교 학생들이 화학시간에 배우는 이 도표는 갑자기 혼돈으로부터 질서를 이룩한 것이었다.

오늘날은 100개 이상이 알려져 있으나 그 당시 멘델레예프는 60개의 원소가 존재한다는 것을 알았다. 그러나 그는 그의 주기율표에 모르는 많은 '빈칸'을 발견했으며 이것이 그로 하여금 아직 발견되지 않은 새로운 원소들의 존재와 성질을 예측할 수 있게 했다. 이들 모르던 원소들 이 실제로 멘델레예프가 그들을 예언했던 바로 그 장소에서 발견되었을 때, 그것은 그의 주기율표의 명백한 확인이었다.

1930년에 양자물리학자들은 주기율표조차 양자역학의 법칙을 따르는 바로 세 입자, 즉 전자, 양성자 및 중성자로 설명할 수 있다는 것을 보였다. 물론 수억 개의 화합물을 100개로, 즉 주기율표에 있는 원소들로 줄이고 또한 이들을 단지 세 개의 입자들로 줄여 자연에 관한 인식에 의미심장한 비약을 꾀했던 것이다.

이제 다음과 같은 물음을 생각해보자. 똑같은 방법이 연구소에서 발견되고 있는 수백 개의 강입자에도 적용될 수 있겠는가? 핵심은 자료들로부터 의미 있는 대칭성을 발견하는 것이라 생각된다.

1950년대에 첫 번째 결정적인 보고가 나고야대학의 사카다 쇼이치(坂田昌一)가 대표였던 일본 물리학자 연구팀에 의해 이루어졌다. 사카다 팀은 헤겔과 엥겔스의 철학적인 업적을 인용하면서 강한 상호작용을 하는 입자들인 강입자보다 작은 단위인 원자핵보다 작은 입자로 구성되어 있어야 한다고 주장했다.

사카다는 강입자들은 이들 세 개의 입자가 모여서 이루어져야 하고 중간자는 이들 두 개의 입자가 모여 이루어져야 한다고 주장했다. 게다가 그 팀은 이들 원자핵보다 작은 입자가 SU(3)라고 하는 새로운 꼴의 대칭성을 만족한다고 제안했는데 이 대칭은 수학적으로 이들 세 개의 원자핵보다 작은 입자들이 어떻게 혼합되는가 하는 수학적인 수단을 기술하는 것이다. 이 수학적 대칭성인 SU(3)로 인해 사카다와 그 팀은 강입자보다 적은 단위에 관한 정확한 예측을 할 수 있었다.

사카다파는 철학적 및 수학적 바탕으로부터 물질은 원자핵보다 작은 입자들의 무한 집합으로 구성되어 있어야 한다고 주장했다. 이것은 때때로 세계 속의 세계 또는 양파 이론이라고 부른다. 변증법적 유물론에 따르면 물리적인 현실의 각각의 층은 그들의 상호작용에 의해 일어난다. 예를 들면, 별들 사이의 상호작용은 은하를 만들고 행성과 태양 사이의 상호작용은 태양계를 이룬다. 원자의 상호작용이 분자를 이루고 전자와 핵의 상호작용이 원자를 만들며 그리고 양성자와 중성자 사이의 상호작용은 핵을 만든다.

그러나 당시의 실험자료는 너무 미약하여 그들은 예언을 검증할 수 없었다. 1950년대에는 모든 예측적인 입자들의 특별한 성질에 관해 충분히 알려져 있지 않았기 때문에 사카다파의 이론을 확인 또는 부정할 수가 없었다(게다가 사카다가 바른길로 접어들었으나 그는 세 개의 기본적인 입자들이 양성자, 중성자 및 람다라고 부르는 새로운 입자라고 잘못 생각했다는 것이 판명되었다).

강입자 밑에 또 다른 층이 존재한다는 신념의 두 번째 비약은, 1960년의 전반에 캘리포니아공과대학의 M. 겔만(M. Gell-Mann)과 이스라엘 물리학자인 Y. 네만(Y. Ne'eman)이 수백 개의 강입자들이 멘델레예프의 주기율표와 같은 여덟 가지 꼴로 주어진다는 것을 보인 데서 시작되었다. 겔만은 별나게도 이 수학적인 이론을 진리에 도달하는 길을 가르치는 불교 교리인 팔정도라고 이름 붙였다(그는 이 이름을 굉장한 농담으로 생각했다).

팔정도 도표에 있는 빈칸을 들여다보며 이전의 멘델예레프처럼 겔만은 아직 발견되지 않은 입자들의 존재뿐만 아니라 성질까지도 예측할 수 있었다.

그런데 만일 팔정도가 멘델레예프의 주기율표에 비교된다면 주기율표의 원자들을 구성하는 전자와 양성자에 대응하는 것은 무엇이겠는가?

후에 겔만과 G. 츠바이크(G. Zweig)는 완전한 이론을 제안했다. 이들은 팔정도가(겔만이 J. 조이스(J. Joyce)의 *Finnegan's Wake*를 읽고 '쿼크'라고 이름 붙인) 원자핵 이하의 입자들의 존재로 인해 생겨난다는 것을 발견했다. 이 쿼크들은 사카다가 일찍이 개척했던 SU(3) 대칭을 따른다.

겔만은 단순히 세 개의 쿼크들을 결합함으로써 연구소에서 기적같 이 발견된 수백 개의 입자들을 설명할 수 있으며, 더 중요한 것은, 새로운 입자들의 존재를 예언할 수 있다는 것을 알았다. 비록 여러 가지 면에서 사카다의 이론을 닮았으나 겔만의 이론은 사카다 이론에 있는 작은 그러나 중대한 실수를 바로잡으면서 사카다의 이론과 다소 다른 결합을 하고 있다. 실제로 이들 세 쿼크를 적당히 결합함으로써 겔만은 연구소에서 발견되는 모든 입자들을 가시적으로 설명할 수 있었다. 겔만은 강한 상호작용에 관한 그의 기여로 인해 1969년 노벨상을 수상했다.

쿼크 모델은 성공적이었으나 아직 성가신 문제가 남아 있었다. 이들 쿼크들을 함께 묶는 힘을 설명할 수 있는, 재규격화가 가능한 만족할 만한 이론은 어디에 있는가? 쿼크 이론은 아직 불완전했다.

## ♦ 양자색역학

그러다 1970년대 초에 와인버그와 살람의 약한 전자기이론에 대한 흥분이 쿼크 모델로 인하여 가라앉았다. 자연스런 의문은 다음과 같다. 왜 대칭성과 양-밀스 이론을 써서 발산을 제거하려고 노력하지 않는가?

비록 아직 결과가 끝이 나지는 않았으나 오늘날 양-밀스 이론의 불가사의한 특성과 대칭성을 쓰면 쿼크를 재규격화가 가능한 구성안으로 성공적으로 가둘 수 있다는 것을 사실상 모두 인식하고 있다. 특정한 조건 아래서 '글루온'이라 부르는 양-밀스 입자가 마치 쿼크를 묶는 끈끈한 풀 같은 물질처럼 행동한다. 이것을 '색깔' 힘이라 부르며, 여기에서 유래한 이론을 양자색역학(quantum chromodynamics, QCD)이라고 부르며, 이 이론이 강한 상호작용에 관한 최초의 이론으로 믿어지고 있다. 컴퓨터에 의한 잠정적인 계산(세계에서 가장 용량이 큰 컴퓨터도 몇 대가 포함되어 있다)은 양-밀스 장이 실제로 쿼크들을 묶고 있다는 것을 제시하고 있다.

양-밀스 이론과 QCD의 성공으로 물리학자들은 다음과 같이 자문하고 있다. 정말로 자연은 이처럼 단순한가? 모든 물리학자들은 실제로 성공에 도취해 있었다. 게이지 대칭성을 (양-밀스 이론의 형태로) 이용한 재규격화된 이론을 만들기 위한 예술적인 공식은 확실한 성공을 약속하는 처방전같이 보였다.

다음의 문제는 네 번째 행운이 도래해 강한 상호작용, 약한 상호작용 및 전자기 상호작용을 하나로 통일하는 이론을 만들 수 있겠는가 하는 것이었다. 그 답은 또다시 긍정적으로 나타났다.

### ♦ 대통일이론과 재규격화

이 입자들을 서로 다시 섞는 가장 단순한 이론은 SU(5)라 불리며 1974년 하버드의 H. 조지와 S. 글래쇼에 의해 구성되었다. 대통일이론(grand unified theory, GUT)에서는 SU(5) 대칭성이 전자, 뉴트리노 및 쿼크들을 같은 가족으로 연결시켰다.

또한 여기에 대응해 광자, 약한 상호작용을 소개하는 W-입자, 강한 상호작용을 매개하는 글루온들이 함께 또 다른 힘의 가족을 형성한다.

비록 GUT 이론은, 강한 상호작용과 약한 전자기 상호작용을 통일하는 에너지가 현재의 입자가속기가 낼 수 있는 에너지의 영역을 넘어선 곳에 있기 때문에 검증하기가 어렵지만 지금의 기술로 검증할 수 있는 괄목할 만한 예측을 할 수 있다.

이 이론은 쿼크가 다른 입자를 방출하면서 전자로 바뀔 수 있다는 것을 예측한다. 즉, 이것은 세 개의 쿼크로 구성되어 있는 양성자가 언젠가는 전자로 붕괴하며 따라서 양성자가 유한한 수명을 가지고 있다는 것을 뜻하는 것이다. 양성자가 전자로 붕괴해야만 한다는 이 예언은 세계의 새로운 세대인 실험물리학자로 하여금 GUT 이론의 괄목할 만한 예측을 검증하도록 자극했다(그러나 여러 실험물리학자 팀들이 땅속 깊숙이 설치한 검출기를 써서 양성자 붕괴에 대한 증거를 찾고 있으나 아직 아무도 결정적으로 양성자 붕괴 현상을 얻지 못하고 있다).

돌이켜보면 GUT 이론은 약한 전자기력과 강력을 하나로 묶는 괄목할 만한 진보를 보여왔으나 실제로 심각한 실험적인 문제를 안고 있다. 예를 들면, 양성자 붕괴실험을 제외하면 GUT 예측을 직접 검증하는 것이 불가능하지는 않으나 매우 어렵다. 게다가 SSC도 기껏해야 단지 이 이론의 주변을 간접적으로 탐구하는 정도밖에 할 수 없다.

보다 중요한 것은 GUT 이론 또한 이론적으로 불완전하다는 것이다. 예를 들면 '왜 자연에 (전자, 뮤온 및 타우 가족인) 입자들의 세 복제가족이 존재하는가?'를 설명하지 못한다. 더욱이 쿼크의 질량이나 경입 자의 질량 및 힉스(*Higgs*)입자의 수와 같은 임의의 숫자들이 이론의 여기저기에 널려 있다. 얼마 후 이론으로부터 결정되지 않는 많은 매개변수 때문에 GUT 이론이 R. 골드버그(R. Goldberg) 조각을 닮았다고 느끼게 되었다. 물리학자에게 있어서 이론이 그렇게 많은 매개변수를 가지고도 기본적일 수 있다고 믿기는 어려운 것이다.[41]

---

41) 대통일이론에는 '계층(階層)문제'라고 하는 또 하나의 이론적인 결점이 있다. 대통일이론은 두 개의 에너지 스케일 사이에는 아무런 물리적 현상을 발견할 수 없다는 기묘한 특성을 가지고 있다. 첫 번째 스케일은 대략 $10^{16}$GeV(1GeV는 십억 전자볼트)로 이것은 태초에나 발견될 수 있다. 또 하나의 스케일은 보통의 입자물리학의 에너지 스케일로 이것은 단지 10억eV 정도이다. 현재의 에너지와 $10^{16}$GeV의 사이에는 새로운 상호작용을 전혀 발견할 수 없는 황량한 '사막'밖에 없다. 그러나 이론에 약점인 이 엄격한 분리는 파인먼 도식들에 의해 이론의 보정을 계산하기 시작하면 일시에 무너져버린다. 파인먼 도식들을 더하기 시작할 때, 이 계층

그러나 GUT 이론의 문제에도 불구하고 물리학자들은 아직 다섯 번째의 행운이 찾아오리라고 희망적이었다. 양-밀스 이론과 같은 단순한 게이지 이론이 중력이론을 설명할 수 있겠는가?

그 대답은 전적으로 'NO'다.

지금까지 성공을 거두어왔던 게이지 이론도 중력을 다룰 때는 벽에 부딪힌다. 양-밀스 이론은 아직 중력을 설명하기에는 너무 미흡하다. 이것이 GUT 이론에 대한 가장 기본적인 반대일 것이다. 이 이론의 성공에도 불구하고 이 이론이 완전히 중력 상호작용을 포함할 수 없다.

양-밀스 이론보다 더 큰 대칭성에 근거한 흥분된 새로운 아이디어가 탄생하기 전까지 이 분야에서 더 이상의 진전이 없었다.

그 새로운 이론이 초끈이론이다.

---

을 유지하는 유일하게 만족한 방법은 대통일이론에 4차원 초대칭성을 도입하는 것이다(이것을 초대칭적 대통일이론이라 부른다).
초대칭적 대통일이론은 비록 이 이론이 계층 문제를 해결했을지라도 매우 부자연스러워 보인다. 그렇게 고안된 것이 기본적인 이론이라고 믿기는 힘들 것이다. 게다가 이 이론은 중력에 대해서는 아무런 설명도 하지 못한다.
초끈 물리학자의 관점에서 보면 문제는 초대칭적 대통일이론이 충분히 앞서가지 못한다는 사실에 있다. 초대칭적 대통일이론을 초끈이론으로 확장시키면 이론은 다시 정교하며 단순하게 된다. 게다가 보너스로 양자중력의 도입과 같은 문제도 해결될 수 있다.

# II

# 초대칭성과 초끈

## 5. 초끈이론의 탄생

초끈이론의 역사는 과학사 가운데에서도 가장 미친 것 같은 것으로 롤러코스터 비탈 궤도보다 더 비틀리며 꼬였다. 잘못된 문제 풀이라고 제안되어 10년 이상을 잊혀졌다가 갑자기 우주의 이론으로 부활한 이론으로 다른 곳에서는 그 유래가 없는 것이다.

초끈이론은 격동의 1960년대인 양-밀스 이론과 게이지 대칭성의 번성 이전에 생겼다. 재규격화이론이 아직 무한대에 의해 괴롭힘을 당하는 이론으로서 몸부림치고 있었다. 인위적으로 꾸며진 것으로 보이는 재규격화이론에 대한 강한 반발이 일어났다. 반대 학파를 이끄는 캘리포니아 버클리대학의 G. 추(G. Chew)는 완전히 소립자나 파인먼 도식 및 재규격화이론과 상관없는 새로운 이론을 제안했다.

파인먼 도식에 의해 어떤 특정한 소립자와 다른 입자와의 상호작용을 상세히 나타내는 일련의 규칙을 가정하는 대신에 추의 이론은 단지 수학적으로 입자들의 충돌을 기술하는 S-행렬이 스스로 모순이 없는 것만을 요구한다. 추의 이론은 S-행렬은 몇몇 엄밀한 수학적 성질을 만족하는 것을 가정하며 이 성질들은 매우 제한적이어서 단지 한 가지 풀이만 가능하다는 것을 가정했다. 이 접근 방법은 가끔 '구두끈' 방법이라고 불리는데 이것은 말 그대로 구두끈을 끌어올리면 자기 자신이 들어올려지는 데 기인한다. 즉, 단지 몇 개의 공리로부터 시작해 자기 무모순성을 써서 이론적으로 답을 유도한다는 것이다. 추의 접근 방법은 소립자나 파인먼 도식보다는 완전히 S-행렬에 근거하고 있기 때문에 이 이론을 S-행렬이론이라고 불렀다(그러나 모든 물리학자들이 쓰는 S-행렬 자체와는 혼동하지 말라).

이들 두 이론은 소립자란 뜻에 대해 다르게 해석하고 있다. 양자이론은 모든 물질이 몇 개의 소립자들로 이루어진다는 가정에 근거하고 있는 반면 S-행렬이론은 입자가 무한히 많으며 그것들은 기본적인 입자는 아니라는 것을 전제로 하고 있다.

돌이켜보면 초끈이론은 여러 가지 점에서 대조적인 S-행렬이론과 양자장론의 좋은 점들을 겸비하고 있다. 초끈이론은 그것이 물질의 기본적인 단위를 기초로 하는 점에서 양자장론과 닮았다. 그러나 점입자 대신에 초끈이론은 파이먼 도식과 유사한 도식에 의해 끊어지기도 다시 결합되기도 함에 의해 상호작용하는 끈으로 되어 있다. 그러나 초끈이론이 양자장론보다 의미심장한 장점은 재규격화가 필요 없다는 점이다. 각 단계에서의 모든 올가미 도식들은 자체적으로 유한해 무한대를 제거하기 위해 인위적인 손장난이 필요 없는 것이다.

또한, 초끈이론은 무한개의 소립자들을 가질 수 있다는 점에서 행렬이론을 닮았다. 초끈이론에 따르면 자연계에서 발견된 입자의 종류가 무한개인 것은, 같은 끈의 다른 공명에 불과해 어떤 입자도 다른 것보다 더 기본적이라고 할 수 없기 때문이다. 그러나 초끈이론이 S-행렬이론보다 큰 장점은 초끈으로 S-행렬의 수치가 얻어질 수 있다는 점이다(대조적으로 S-행렬이론에서는 계산해서 의미 있는 수치를 얻는다는 것이 매우 어렵다).

이와 같이 S-행렬이론과 양자장론의 장점을 결합할 수 있었던 것은 초끈이론이 깜짝 놀랄 만큼 다른 물리적 이미지에 근거하고 있기 때문이다.

초끈이론은 수년간이나 더디게 발전해왔던 S-행렬이나 양자장론과는 달리 1968년에 갑자기 물리학회에 나타났다. 사실 초끈이라는 착상이 나왔던 것은 아주 우연이었으며 개념의 논리적인 전개에 의한 것은 아니었다.

## ♦ 답을 찍어서 맞힘

1968년 S-행렬이론이 아직 크게 유행하고 있었을 때 제네바 근교에 있는 핵 연구센터인 유럽핵물리연구소(CERN)에서 각각 독립적으로 연구하고 있던 G. 베네치아노(G. Veneziano)와 스즈키 마히코(鈴木眞彦)는 서로에게 간단한 물음을 했다. 만일 S-행렬이 그렇게 많은 제약적인 성질을 만족하도록 가정된다면 왜 바로 답을 추측하려고 애쓰지 않는가?

거기서 그들은 18세기 이래의 수학자들이 목록을 작성해놓은 많은 함수표들을 넘겼으며 우연히 1800년대에 스위스 수학자인 L. 오일러(L. Euler)에 의해 처음으로 쓰인 아름다운 수학 공식 베타 함수를 보게 되었다. 베타 함수의 성질을 따져보면서 놀랍게도 추의 S-행렬 공리의 거의

대부분이 자동으로 만족된다는 것을 알았다.[1)]

이것은 완전히 믿을 수 없는 일이었다!

깊이 숨겨진 몇몇 자연의 비밀을 포함하는 강한 상호작용에 관한 물리학의 풀이가 100년 전에 수학자에 의해 쓰인 단순한 공식이었는가? 그것이 그렇게 간단한 것일까?

이것은 결코 이전의 과학사에는 일어나지 않았다. 아마 베네치아노와 스즈키가 너무 어려서 그들의 마구잡이식 발견에 관한 승산을 인식하지 못한 사실이 그들로 하여금 베타 함수를 발견하게 한 것 같다. 선입관을 갖고 있는 보다 나이 든 물리학자들은 낡은 수학 공식에서 답을 발견하고자 하는 생각조차 못 했을지 모른다.

이 공식은 양자장론에 대한 S-행렬이론의 명백한 승리로 하룻밤 동안에 물리학계를 흥분시켰다. 입자가속기의 자료를 베타 함수에 적용하려는 논문들이 쏟아져 나왔다. 특히 많은 논문들이, 베타 함수가 단일한 성질 또는 확률의 보존성을 만족시키지 못하는 추의 마지막 가정을 해결하기 위해 쓰여졌다.

매우 빠르게, 자료를 보다 잘 맞추는 더욱 복잡한 이론들이 제안되었다. 곧 그 당시 프린스턴에서 함께 연구하고 있던 J. 슈바르츠와 프랑스

---

1) 애석하게도 베네치아노가 독립적으로 베타 함수를 발견했다는 소식을 듣고 스즈키는 자신의 연구 결과를 출판하지 않았다. 그래서 대부분의 과학 문헌에서는 「베네치아노 모델」이라고만 언급하고 있다.

물리학자인 A. 느뵈(A. Neveu) 그리고 시카고 근교의 국립가속기연구소에 있는 P. 라몬드(P. Ramond) 등은 스핀을 갖는 입자를 포함하는 나중에 초끈이론으로 발전된 이론을 제안했다.

베타 함수는 괄목할 만한 것이었으나 아직 성가신 문제가 남아 있었다. 이 공식의 불가사의한 성질은 완전히 우연인가? 아니면 이런 성질들은 보다 깊이 숨겨진 물리적인 구조로부터 나오는 것인가?

이 답은 드디어 1970년에 입증이 되었다. 시카고대학의 난부 요이치로(南部陽一郎)는 이 불가사의한 베타 함수는 상호작용하는 끈의 특성에 기인한다는 것을 밝혔다.

이 새로운 방법이 느뵈-슈바르츠-라몬드의 이론에 적용되어 이것이 지금의 초끈이론으로 된 것이다.

## ♦ 난부 학파

과장된 사회적 규범을 비웃는 아인슈타인이나 농담을 좋아하는 파인먼이나 물리학계의 여러 사람을 당황케 하는 겔만과는 달리 난부는 조용하고 세련된 그러면서도 항상 꿰뚫어 보는 통찰력을 가진 사람으로 널리 알려져 있다. 때때로 경솔한 점이 있는 서양 동료들에 비해 보다 준비성이 있고 보다 사색적인 전통적 일본인의 특성을 많이 지니고 있다. 물리학적인 아이디어를 창출해낸 명예가 시기 속에 경계되는 거칠고 혼란스런 아이디어 시장에서 다른 사람과는 달리 난부는 그의 업적에 대한 잘잘못을 있는 그대로 논의하기를 좋아하는 참신한 태도를 가지고 있다.

그런데 이것은 비록 그가 물리학에서의 가장 근본적인 발견들 가운데 몇 가지에 기여해왔을지라도 그가 자신이 처음으로 아이디어를 냈다는 주장을 하지 않았다는 것을 뜻하는 것이다. 물리학에서는 발견에 대해 그것이 역사적으로 정확히 들어맞지 않을지라도 발견자의 이름이 붙여지는 것이 보통의 상식이다. 예를 들면, 전자 두 개가 이루는 계의 운동을 기술하는 잘 알려진 베테-살피터(Bethe-Saltpeter) 방정식은 난부에 의해 처음으로 출판되었다. 또한 '자발적 대칭성의 깨어짐'에 관한 초기 아이디어의 대부분도 비록 그것이 오랫동안 '골드스톤(Goldstone)' 정리로 알려져 있었을지라도 난부에 의해 처음으로 출판되었다. 단지 최근 수년부터 그것이 난부-골드스톤 정리로 불리게 되었다. 그러나 초끈이론 분야에서는 이론의 기본 방정식을 만든 사람은 명백히 난부였다.[2)]

그의 괄목할 만한 성과 가운데 여러 가지가 인정받지 못한 한가지 이유는 그가 항상 시대를 앞서갔기 때문이다. 그의 동료인 노스웨스턴대학의 L. 브라운(L. Brown) 박사가 쓴 글에 따르면 난부는 "다른 사람들이 그가 한 혁신적인 일들을 인식하기 수년 또는 수십 년 전에 비약의 발판을

---

2) 띠에 기초한 초기의 조잡한 초끈이론은 난부 자신뿐만 아니라 당시 뉴욕 예시바대학의 L. 서스킨드(L. Susskind)와 코펜하겐에 있는 보어 연구소의 H. B. 닐센(H. B. Nielsen)에 의해 제창되었다. 끈이론은 최종적으로는 난부에 의해 (또한 독립적으로 일본 대학의 고토 데츠오(後藤鐵男)에 의해) 완전한 초끈이론으로 일반화되었다.

마련해놓은 선구자다"[3]라고 술회하고 있다. 그래서 만일 여러분이 물리학이 오는 10년간 어떻게 될 것인지 알고자 한다면 난부의 연구논문을 읽어보라고 물리학자들 사이에 말해지기도 한다. 1985년의 한 강연회에서 난부는 새로운 연구의 장을 연 과거의 뛰어난 물리학자들에 의해 쓰인 사고방식을 요약하려고 애썼다. 난부는 이들을 '유카와 방식'과 '디랙 방식'이라고 불렀다.

유카와 방식은 실질적인 자료에 깊게 그 뿌리를 내리고 있다. 유카와는 활용 가능한 자료들을 면밀히 분석함에 의해 핵력의 매개자로서 중간자를 최초로 생각해냈다. 그러나 디랙 방식은 순수한 수학적인 논리에 의한 사고의 비약으로 이것은 그의 반물질 이론이나 자기 홀극(자기의 한쪽 극만을 갖는 입자) 이론과 같은 놀랄 만한 발견을 이끌어냈다. 아인슈타인의 일반상대성이론도 디랙 방식에 속한다고 볼 수 있다.

1985년에 열렸던 난부의 65세의 생일 축하 모임에서 그의 폭넓은 과학상의 성과가 요약되었을 때, 동료들은 그를 찬탄하며 또 하나의 사고방식인 '난부 학파'라는 말을 만들어냈다. 이 방식은 양쪽 방식의 장점들을 결합해 대담한 착상과 명쾌하고 심지어는 거친 수학을 제안함에 의해 실험자료들을 조심스럽게 해석하려고 노력하는 것이다.

난부 스타일의 일부는 그의 할아버지와 아버지를 상징하는 동양과 서

---

3) Laurie M. Brown, "Yoichiro Nambu: The First Forty Years," Northwestern University preprint, to appear in *Progress of Theoretical Physics*(Kyoto, 1986).

양의 충돌에 영향받아 나온 것 같다. 도쿄를 파괴했던 1923년의 대지진 후 난부 가족은 진종파(眞宗派)의 중요한 거점으로 유명한 후쿠이의 작은 마을에 정착했다. 난부의 할아버지는 가업을 이어 불단(佛壇) 등의 불교 용품을 팔아서 가계를 유지했다. 난부의 아버지는 순순히 아버지의 뒤를 잇지 않고 전통에 반항해 여러 차례 집을 떠났다. 지식인이었던 난부의 아버지는 서양 문물에 매혹되어 영문학을 전공하였고 졸업논문으로 W. 블레이크(W. Blake)에 관해 썼다.

난부는 전통적인 할아버지에 의해 주도되던 한편으로는 서양으로부터 불어온 낯선 지식의 바람에 의해 조화를 이룬 가정에서 성장했다. 그러나 이 가족은 1930년대에 일본에서 일어난 군국주의로 고난의 시대를 맞게 되었다. L. 브라운 박사는 "난부의 아버지는 자유주의자로 국제주의적 견해를 갖고 있었으나 당시 정치에 대해 분별 있는 사람들은 그것을 다른 사람이 모르도록 했다. 그는 값이 싼 책 여러 종류를 정기구독했는데 요이치로가 그것을 읽었다. 그 가운데에는 해외소설과 근대 일본 문학 및 마르크스주의의 고전 등이 있었다. 마르크스주의의 고전들은 1930년대에도 들어왔으나 엄격한 검열을 받기 시작했다. 마침내 이런 책을 가지고 있는 것은 위험하게 되었으나 난부의 아버지는 그것들 가운데 몇 개를 가지고 있었다"[4]라고 회고하였다.

---

4) Laurie M. Brown, "Yoichiro Nambu: The First Forty Years," Northwestern University preprint, to appear in *Progress of Theoretical Physics*(Kyoto, 1986).

소년 난부는 일찍부터 과학에 흥미를 가졌으며 파인먼이나 많은 다른 사람들처럼 작은 라디오를 땜질해 만들었다.

도쿄대학을 다니던 학창 시절 그는 하이젠베르크 및 그의 동료들에 의해 서양에서 발전되고 있던 새로운 양자역학에 관한 이야기로 들떠 있었다. 그리고 난부는 나라 전체에 깔려 있는 군국주의적인 분위기를 몹시 싫어했다.

1945년 비참한 패전 후, 일본 사람들은 폐허가 된 나라를 다시 일으키기 위해 고난의 과정을 시작했다. 난부는 전쟁에 의해 몇몇 해인가 서방 측의 연구와 단절된 일본의 물리학자들이 서서히 국제교류를 하기 시작하던 무렵, 도쿄대학에 자리를 얻었다.

프린스턴대학의 물리학자인 F. 다이슨은 서양의 물리학자들이 일본에서의 연구진전에 관한 뉴스를 듣고 기뻐하며 놀랐으며 도모나가에 대해 “어떤 수학적인 정교함도 없이 J. 슈윙거의 이론에 관한 본질을 단순 명료하게 설명하고 있다. 이것은 놀랄 만한 것이었다. 폐허 속에서 또 한 전쟁의 와중에서 세계로부터 완전히 고립된 상태에서 도모나가는 일본 국내에서 어떤 면에서는 당시 어느 곳에 존재하는 것보다도 앞선 이론물리학에서의 연구팀을 유지하고 있었다. 그는 홀로 슈윙거보다도 5년 일찍 새로운 양자 전기역학의 기초를 쌓았다”[5]라고 기술했다.

그러는 동안에 난부의 연구가 프린스턴대학의 고등연구소 소장인 J.

---

5) Dyson, *Disturbing the Universe*, 57.

R. 오펜하이머의 관심을 끌게 되어 난부는 2년 동안 그곳에 초청되었다. 난부는 1952년 일본을 떠나 정상적인 사회를 접하면서 충격을 받았다(왜냐하면 맹렬한 폭격으로 도쿄가 히로시마보다 더 큰 손상을 입었기 때문이다). 그는 1954년에 시카고대학을 방문했으며 1958년부터 이 대학의 교수로 재직해오고 있다.

난부의 부드럽고 내성적인 성격과 파인먼의 거리낌 없는 태도 사이의 뚜렷한 대조는, 1953년 뉴욕의 로체스터대학에서 개최된 로체스터 학술회의장에서 난부가 새로운 입자 또는 공명상태인 아이소스칼라(isoscalar)라는 중간자의 존재를 예언하는 논문을 발표했을 때 확연히 드러났다. 난부가 논문을 발표했을 때 파인먼은 "그런 것이 정말 있을까?"라고 큰 소리로 외쳤다. 그러나 수년 후 이 문제의 답은 입자가속기에서 입자가 발견되고 '오메가 중간자(ω meson)'라고 명명하면서 명백해졌다.

### ♦ 난부의 끈

난부는 여러 나라의 연구소로부터 발견된 수백 개나 되는 강입자의 혼돈으로부터 그 뜻을 알기 위해 끈에 관한 아이디어를 처음으로 제안했다. 이들 강입자들은 어떤 의미에서 '기본적인 입자'로 볼 수는 없기 때문이다. 난부는 강한 상호작용에 관한 혼란은 반드시 어떤 보다 깊이 감춰진 구조의 투영이어야 하다고 생각했다.

그의 동료인 유카와와 하이젠베르크에 의해 수년 전에 제안된 한 제안은, 기본 입자들은 결코 점이 아니며 진동이 가능한 구 모양이라는 가정이었다. 수년 후 구 모양, 막 모양 및 다른 기학학적인 물체에 근거한 양자장론을 확립하려는 모든 노력은 실패로 돌아갔다. 결과적으로 이 이론들은, 상대성이론과 같은 어떤 물리적인 원리를 만족시키지 못했다(왜냐하면 만일 구 모양이 한 점에서 진동했다면 그 진동은 빛의 속도보다도 빠르게 구 모양의 물체를 통과해 전달되어야 하기 때문이다). 또한 이 이론들은 단지 애매하게 정의되며, 그 때문에 어떤 계산에도 사용되기 매우 어렵다.

난부의 근본적인 생각은, 강입자가 진동하는 끈으로 이루어져 있으며 진동의 각 모드가 바로 개개의 강입자와 일치한다고 가정했던 것이다. 초끈이론은 끈을 따른 진동이 빛의 속도보다 작은 속도로 전달되기 때문에 상대성이론에 위배되지 않는다.

앞에서 언급했던 바이올린 줄에 관한 보기를 생각해보자. 그리고 아름다운 음률을 내는 신비로운 상자가 주어져 있다고 하자. 만일 우리가 음악에 대해 아무것도 모른다고 하면 우리는 먼저 음의 목록을 작성하고 거기에 도(C), 레(D), 미(E) 등과 같은 이름을 붙일 것이고 그다음은 이 음들 사이의 관계를, 예를 들면 여덟 가지 음이 한 조를 이루는 현상을 발견할 것이다.

그리고 이것에 의해 화성법칙(和聲法則)을 발견할 수 있을 것이다. 마지막으로는 진동하는 바이올린 줄과 같은 하나의 원리로부터 화음과 음계를 설명하는 모델을 가정하려고 애쓸 것이다.

이와 비슷하게 난부는 베네치아노와 스즈키가 찾은 베타 함수가 진동하는 끈에 의해 설명될 수 있다는 것을 얻었다.

남아 있는 한 문제는 끈들이 충돌할 때 무슨 일이 일어나는가를 설명하는 것이었다. 끈의 각 진동 모드는 입자를 나타내기 때문에 끈들이 어떻게 충돌하는가를 이해하면 보통의 입자 상호작용에 관한 S-행렬을 계산할 수 있다. 위스콘신대학에서 연구하고 있던 세 물리학자인 사키타(崎田文二), 요시카와(吉川圭二) 및 M. 비라소로(M. Virasoro)는 재규격화이론이 올가미들을 더함에 의해 이 문제를 해결하는 것과 같은 방법으로 추의 S-행렬에 관한 마지막 가설인 유니터리성이 만족될 수 있다는 것을 추론했다. 즉, 이 물리학자들은 이 끈들에 관한 파인먼 도식을 다시 도입할 것을 제안했던 것이다.

이 점에 대해 S-행렬이론가들의 대부분은 당황했다. 이런 이단적인 생각은 그들이 S-행렬이론의 에덴동산으로부터 내쫓았던 올가미와 재규격화이론을 다시 도입하는 것을 뜻하는 것이기 때문이다. 따라서 이것은 S-행렬파의 순수주의자들에게는 매우 충격적이었던 것이다.

그들의 제안은 드디어 캘리포니아주 버클리대학의 대학원을 다니던, M. 가쿠(M. Kaku)와 동료인 L. 유(L. Yu), 또한 유럽 핵물리연구소의 C. 러브레이스(C. Lovelace) 및 아르헨티나 출신인 V. 알레산드리니(V. Alessandrini)에 의해 완성되었다.

## ♦ 종이접기 놀이

끈은 두 종류가 있는데 끝이 있는 열린 끈과 원 모양인 닫힌 끈이 있다. 끈들이 어떻게 서로 작용하는지를 이해하기 위해 점입자에 대한 파인먼 도식을 나타내는 조립식 장난감을 생각해보자. 입자가 움직이면 선이 그려지고 이 선을 조립식 장남감 막대에 의해 나타낸다. 입자들이 충돌하면 이들은 조립식 장남감의 연결자에 의해 Y꼴의 선들로 나타난다.

또한 열린 끈이 움직일 때 이들의 경로는 긴 종이띠처럼 가시화할 수 있으며, 닫힌 끈들이 움직이면 이들의 경로는 선이 아닌 종이관으로 가시화할 수 있다. 그러므로 우리는 조립식 장난감을 종이접기로 바꿔야 한다.

이들 종이띠들이 충돌하면 이들은 매끈하게 다른 종이띠를 형성한다. 다시 우리는 Y꼴의 연결 모양을 갖게 되지만 Y꼴을 이루는 선들은 막대가 아니고 띠라는 것이다.

이것은 물리학자들이 칠판에 선들을 낙서하는 대신에 충돌하는 종이띠와 종이관 등을 가시화해야만 하는 것이다(저자의 한 사람인 가쿠는 그의 지도교수였던 버클리대학의 S. 만델스탐(S. Mandelstam)과의 대화를 기억하고 있다. 지도교수는 가위, 테이프 및 종이를 써서 어떻게 두 끈이 충돌하여 새로운 끈을 이루는가를 시각적으로 보였고 이 종이를 이용한 방법이 결국에는 초끈이론에 관한 중요한 파인먼 도식으로 발전하게 되었다).

두 끈이 충돌하여 S-행렬을 만들었을 때 우리는 앞쪽에 있는 파인먼 도식을 이용한다.

A

B

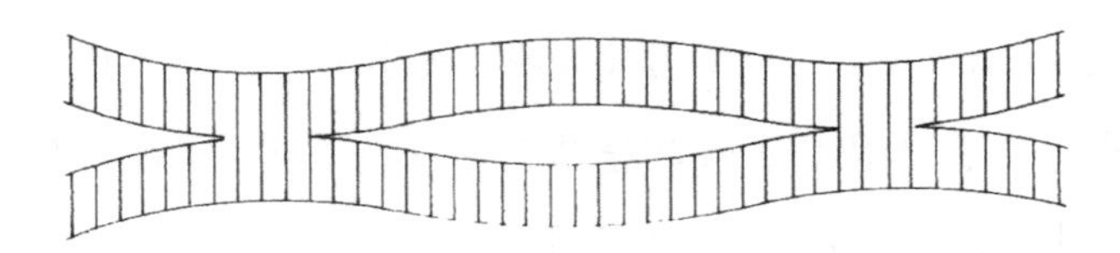

도식 A에서 두 닫힌 끈들이 왼쪽으로부터 입사해 중간에서 충돌한 다음 하나의 끈을 형성하고 그 후 반으로 갈라지면서 다시 두 닫힌 끈들을 형성함을 보였고 도식 B에서는 두 열린 끈들이 왼쪽으로부터 입사해 하나로 합쳐졌다가 갈라졌고 또다시 합쳤다가 두 끈들로 다시 갈라지면서 오른쪽으로 운동해 가는 것을 보였다.

이들 상호작용에 관한 장이론은 1974년 가쿠와 요시카와에 의해 완성되었다. 이들은 완전한 초끈이론을 점입자가 아닌 끈을 기초로 한 양자장론으로 요약할 수 있음을 보였다. 끈이론을 설명하기 위해서는 단지 다섯 가지 꼴의 상호작용(또는 연결방법)만이 필요했다.

이 이론이 맞고 틀리고 하는 판단은, 이들 파인먼 도식들을 올가미로 일반화함으로써 할 수 있다. 전과 마찬가지로 파인먼 도식들에 있는 모든 발산항(만일 있다면)들은 끈들이 올가미들을 이룰 때 생긴다.

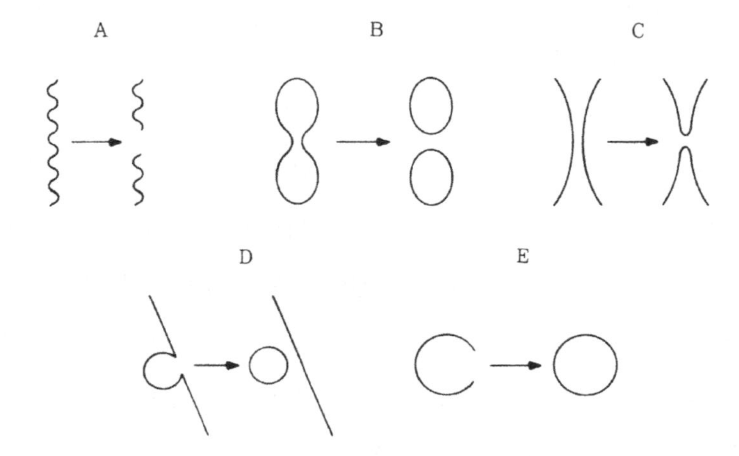


끈에 관한 상호작용의 다섯 가지 꼴이 이 도식에 담겨 있다. 도식 A에서는 한 개의 끈이 갈라져 두 개의 작은 끈을 만든다. 도식 B는 닫힌 끈 하나가 분리되어 두 개의 작은 닫힌 끈이 되는 것을 뜻하며, 도식 C에서는 두 끈이 충돌 후 새로운 두 끈으로 바뀌는 것을 보여주고 있다. 도식 D는 한 개의 열린 끈이 변형되어 한 개의 열린 끈과 한 개의 닫힌 끈으로 만들어지는 것을 보였고, 도식 E는 하나의 열린 끈이 두 끝이 맞붙어 하나의 닫힌 끈으로 될 수 있음을 보였다.

보통의 재규격화이론에서는 우리가 발산항들을 개조하며 또한 이들을 없애기 위해 다른 속임수들을 쓰는 것이 허용되어 있다. 그러나 어떤 중력이론도 이 같은 개조는 불가능하며 일련의 항들의 각각이 반드시 유한해야만 한다. 이것은 이론에 엄청난 제약을 주는 것이므로 단 하나의 무한한 파인먼 도식은 이론 전체를 쓸모없게 할 수 있는 것이다.

놀랍게도 이들 끈 도표들은 유한한 것으로 알려졌다. 불가사의한 상쇄과정을 통해 모든 무한 발산항들이 소거되어지면서 유한한 결과를 주는 것이 알려진 것이다.

초끈이론에 발산항이 없다는 것을 보이기 위해서는 몇 가지의 기묘한 기하학적인 구조가 요구되어진다. 예를 들면, 단순한 한 개의 올가미를 갖는 도식에서 파인먼 도식의 내부는 원 모양의 띠나 관에 의해 주어진다.

그러나 완전한 이론은 종이띠나 관이 뒤틀려 있어야 한다는 것을 요구한다. 만일 우리가 원 모양의 띠를 뒤틀면 우리는 (단지 한쪽 면만 가진 띠인) 뫼비우스의 띠라고 부르는 이상한 기하학적 대상을 갖게 된다. 모든 사람들은 종이의 띠는 두 면을 가지고 있다는 것으로 알고 있다. 그러나 우리가 한쪽을 뒤틀어 두 면을 붙이면 우리는 한쪽 면만을 갖는 띠를 갖게 된다. 즉, 이때의 안쪽 면을 따라 걷는 개미는 곧 바깥 면을 따라 걷고 있는 자신을 발견하게 되는 것이다.

같은 방법으로 원형의 관을 뒤틀어 붙이면 우리는 단지 한쪽 면만을 갖는 2차원 표면인 클라인 항아리라고 부르는 보다 기묘한 대상을 얻게 된다. 대부분의 사람들은 속이 빈 관은 안쪽과 바깥쪽의 두 면을 가지고 있다는 것을 알고 있다. 그러나 만일 면의 한쪽을 180도 구부려 두 끝을 붙이면 클라인 항아리를 만들 수 있다.

역사적으로 뫼비우스의 띠와 클라인 항아리는 기하학적인 유물 정도로 아무런 실용적인 응용이 없었다. 그러나 끈물리학자에게 뫼비우스의 띠와 클라인 항아리는 올가미를 갖는 파인먼 도식의 부분으로 쓰였으며 발산항 등의 상쇄에 핵심적인 요소가 되었다.

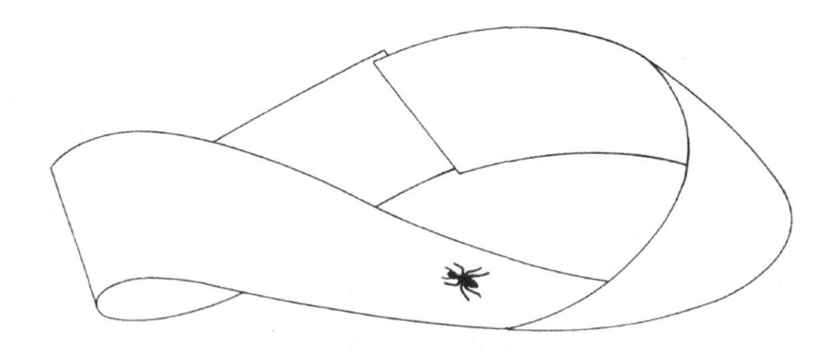

뫼비우스의 띠는 충돌하는 열린 끈들에 관한 하나의 올가미를 갖는 파인먼 도식의 기하학적 표현이다.

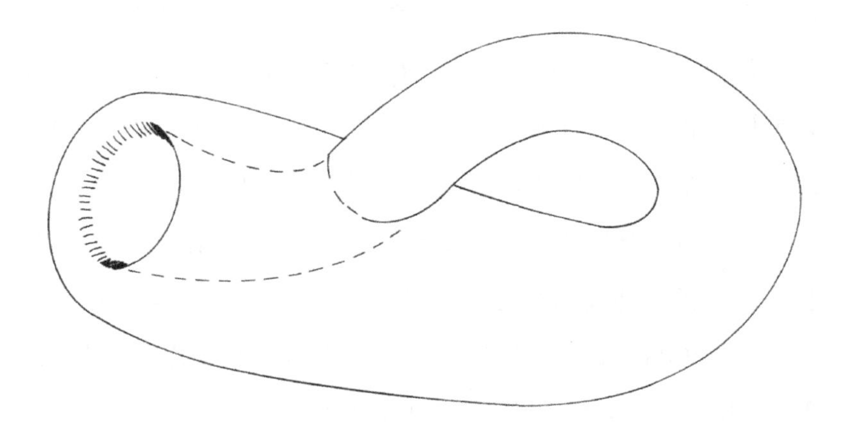

클라인 항아리는 충돌하는 닫힌 끈들에 관한 하나의 올가미를 갖는 파인먼 도식의 기하학적 표현이다.

## ♦ 초끈이론의 죽음

비록 초끈이론이 강한 상호작용의 자료 가운데 어떤 것은 잘 기술하는 것처럼 보이는 매끈한 수학적 추상표현일지는 모르나 이 모델에는 좌절감을 갖게 하는 어려움들이 있었다.

첫째로 이 이론은 스스로 너무 많은 입자들을 예언했다. 이 이론에는 중력자(重力子; 중력의 양자적 단위)와 광자(光子; 빛의 양자적 단위)와 같은 입자들이 있다. 사실 닫힌 끈의 가장 낮은 진동은 중력자에 대응되며 열린 끈의 가장 낮은 진동은 광자에 대응된다.

이것은 중력이나 전자기 쪽이 아닌 강한 상호작용을 기술하는 이론에 관한 한 불행한 것이다. 강한 상호작용에 관한 이론에서 중력자와 광자는 어떤 구실을 하는가? 그때는 이것이 감춰진 축복이라는 사실을 인식하지 못했던 것이다. 끈 모델에 존재하는 중력과 빛에 관한 상호작용이 바로 통일장이론을 구성하기 위해 필요한 것이기 때문이다.

둘째로 이 이론은 빛의 속도보다도 빨리 움직이는 입자인 타키온의 존재를 예언하고 있었다. 이들 입자들의 존재는 과거로 거슬러 올라가 여러분들이 태어나기도 전의 어머니를 만날 수도 있다는 것을 뜻하기 때문에, 즉 인과율을 파괴하기 때문에 원하지 않는 입자들인 것이다.

셋째로 무엇보다도 곤혹스러운 것은 난부의 원래 이론이 자기 무모순적이기 위해서는 26차원에서만 가능하다는 것을 물리학자들이 발견한 것이다(어떤 이론도 모순이 존재하면 버려야 하는 것이다. 예를 들면 만일 이론에 모순이 존재하면 그 결과 1+1=3과 같은 엉터리 예언도 하게 되기 때문이다).

CERN의 C. 러브레이스가 처음으로 끈 모델이 26차원에서 보다 좋은 수학적인 구조를 가지고 있다는 것을 발견했다. 뒤이어 MIT의 R. 브로워(R. Brower)와 C. 손(C. Thorn)들이 26차원에서 정의되지 않으면 이론이 완전히 붕괴하는 것을 보였다.

곧 물리학자들은 느뵈-슈바르츠-몬드 모델인 초끈이론은 당시 10차원에서만 모순이 없다는 것을 발견했다.

이것은 대부분의 물리학자들에게 있어서는 너무 큰 차원이었다. 즉, 4차원에 익숙해 있던 과학자들에게 이 이론은 진짜 과학이라기보다는 공상과학소설처럼 들렸던 것이다. 그 결과 초끈이론은 1974년 무렵 더 이상 관심을 끌지 못하게 되었고 가쿠를 포함해 많은 물리학자들은 하는 수 없이 이 모델을 버렸던 것이다.

이 모델이 단지 26차원과 10차원에서만 모순이 없다는 사실을 알았던 물리학자들이 느꼈던 충격과 실망을 가쿠는 아직도 기억하고 있다. 위대한 이론은 충분히 괴상망칙해야만 한다는 N. 보어의 말을 기억하는 사람들일지라도 우주가 26차원이라든가 10차원이라든가 하는 주장은 과학적 상상력의 한계를 초월하고 있는 것이다.

공간은 누구나 알다시피 가로, 세로 및 높이를 갖는 3차원이며, 개미부터 태양까지 우주에 있는 그 어떤 것의 크기는 이들 세 양으로 표현할 수 있는 것이다.

만일 우리가 태양의 나이를 표현하고자 한다면 시간이라는 한 가지 양을 더 사용하면 되는 것이다. 이들 네 가지 양을 가지고 우리는 우주에 있는 어떤 물체라도 그 물리적인 상태를 기술할 수 있다. 그 결과 물리학자들은 우리는 4차원 우주에 살고 있다고 말하고 있는 것이다.

4차원보다 높은 차원을 도입해 이 우주와 비슷하나 다른 차원에 존재하는 평행우주를 가정하는 것은 공상과학소설 작가들이 즐겨 쓰는 주제이다. 그러나 이것은 단지 작가들의 주제이지 물리학자들은 결코 심각하게 평행우주와 같은 생각을 하지 않는다. 또 다시 끈 모델이 높은 차원의 우주을 예언하자 이 모델은 대부분의 물리학자들의 관심 밖의 일이 되어 버렸다.

1974년부터 1984년까지의 10년간은 끈 모델의 흉년으로 대부분의 물리학자들은 약한 전자기력이나 대통일이론에 관한 연구 분야에서 빠른 발전에 기여했다. 단지 런던의 퀸메리대학의 M. 그린과 캘리포니아 공과대학의 J. 슈바르츠 같은 외골수로 파는 사람들만이 한가로이 이 끈 이론에 관한 연구를 계속했다.

1976년에 소수의 물리학자들이 이상스러운 제안을 하면서 끈이론을 다시 살리려고 노력했다.

파리의 J. 셰르크와 J. 슈바르츠는 끈 모델이 재해석될 수 있다고 제안했다. 그들은 단점을 장점으로 바꾸기로 결심했다. 끈이론에 들어 있는 원하지 않던 중력자와 광자는 결국 진짜 중력자와 광자였던 것이다. 끈 이론의 나쁜 성질들이 사실은 감춰진 축복이었던 것이다. 이들의 접근방식을 통한 결과 초끈이론은 나쁜 문제에 쓰여졌던 좋은 이론이었다. 강한 상호작용 대신에 이 이론은 실제로 우주의 이론이었다.

그러나 끈이론의 이런 재해석은 극단적인 회의론과 부딪혀 납을 단 풍선처럼 낙하해버렸다. 결국 이 이론은 단지 강한 상호작용을 예언하는 것에는 어느 정도 성공적이었으나 셰르크와 슈바르츠는 이 이론을 온 우주를 설명하는 이론으로 만들려고 했다. 그러나 이 이론은 아직 10차원이었다.

슈바르츠는 이 암담한 상황을 다음과 같이 말하고 있다. "아무도 우리를 미친 사람이라고 비난하지 않았으나 우리의 연구는 무시되었다."[6)]

## ♦ 끈이론의 유년 시절

아이러니컬하게도 초끈이론이 강한 상호작용에 관한 모델로는 1970년대에 사라졌으나 1980년대에는 우리가 '끈이론의 유년기'라고 부를 수 있을 정도로 꽃을 피웠다. 초끈이론은 실제적인 이론으로 받아들여지기에는 너무 대칭적이었기 때문에 여러 관측이 가능한 결과들을 가지고 있는 다른 이론들이 더 관심의 대상이었다. 그러나 끈이론 자체는 흥미가 없었으나 끈이론으로부터 파생된 많은 부산물들이 1974년에서 1984년

---

6) Natalie Angier, "Hanging the Universe on Strings," *Time*(January 13, 1986): 57.

사이에 이론물리학을 주도하였으며, 다른 방향에서 꽃을 피웠던 것이다. 끈이론은 이렇게 풍부한 이론적 구조를 가지고 있었기 때문에 파생된 부산물들이 물리학계에 널리 퍼지게 된 것이다. 예를 들면, 코넬대학의 K. 윌슨(K. Wilson) 교수는 끈에 관한 새로운 개념을 사용하여 쿼크들은 끈과 같은 끈적한 물질에 의해 영구히 함께 묶여 있다고 제안을 했다.

윌슨은 '쿼크는 어디에 있는가'라는 문제에 답하기 위해 이 이론을 제안했다. 비록 쿼크가 과거 20년 동안 물리학계에 보편적으로 받아들여져 왔으며 물리학자들이 쿼크를 보려고 무진 애썼으나 아직 아무도 실험실에서 쿼크를 보지 못했다. 겔만과 그의 동료들은 이 쿼크들이 신비로운 힘에 의해 갇혀 있을지도 모른다고 제안했다.

윌슨의 이론은 쿼크 이론에서 정상적인 입자로 발견된 양-밀스 글루온이 어떤 조건 하에서 끈적한 사탕처럼 쿼크를 가두어 넣을 수 있는 끈적한 것으로 응축될 수 있다는 것을 제안했다.

윌슨은 수증기가 물방울로 응축될 수 있는 것처럼 이런 글루온 입자들이 쿼크의 양 끝에서 쿼크를 묶는 끈적한 사탕 같은 끈으로 응축될 수 있는 것을 보이기 위해 전산기를 사용했다. 이 논리에 따라 쿼크는 영구히 끈적한 사탕 같은 끈에 의해 갇혀져 있기 때문에 결코 볼 수 없다는 것이다.

오늘날 국립과학재단은 윌슨에 의해 제안된 것과 같은 문제를 해결하기 위해 제5세대 전산기라고 부르는 세계 최대의 전산기를 만드는 데 수백만 달러를 배정해놓고 있다. 원리적으로는 윌슨의 끈이론은 실제로 강한 상호작용의 모든 성질들을 얻어내기에 충분히 강력하다. 윌슨은 고체

물리학과 쿼크 모델에 직접 충격을 주었던 '상전이'라고 부르는 분야에 대한 앞선 연구로 1983년에 노벨 물리학상을 받았다.

끈이론의 또 하나의 파급효과는 다음 장에서 다룰 '초대칭성'이다. 초대칭성은 10차원 이론에서 처음으로 발견되었으나 4차원 이론들에게도 적용할 수 있으며, 이것은 1970년대 후반에 널리 유행하게 되었다. 아울러 대통일이론에 존재하는 문제점들이 이 초대칭성에 의해 해결될 수 있다는 것도 알려지게 되었다.

후에 중력을 포함하는 초대칭성의 보다 세련된 '초중력이론'이라 부르는 이론이 제안되었다. 이 이론은 스토니브룩에 있는 뉴욕주립대학의 P. 반 니우엔후이젠(P. van Nieuwenhuizen), D. 프리드먼(D. Freedman) 및 S. 페라라(S. Ferrara)에 의해 처음으로 공식화되었으며 60년 만에 처음으로 아인슈타인 방정식이 확장되었던 것이다(초중력이론도 초대칭성에 기초하고 있기 때문에 실제로 초끈이론 속에 포함되어 있다).

끝으로 1980년대 초 칼루차-클라인 모델이 유행하기 시작하면서 높은 차원의 시공간에 대한 물리학자들의 선입관도 붕괴하게 되었다. 어떤 양자효과는 심지어는 높은 차원의 이론들을 물리적으로 받아들일 수 있게 하였다(이 점은 뒤에서 자세히 설명하기로 하자).

비록 끈이론의 아이들이 1970년대 후반 및 1980년대 초반에 이론물리학의 연구 방향을 결정지었으나 부모는 매우 회피되었다. 이 이론에는 과학 분야에 알려진 최대의 대칭성이 존재하고 있지만 아직도 전부 쓸모없는 것으로 여겨지고 있었다.

그러나 이것은 1984년 물리학자들이 이상량이라고 부르는 물리량을 다시 살펴보면서 아주 극적으로 바뀌게 되었다.

### ♦ 우연과 세심한 관측의 승리

이상량(*anomaly*)들은 양자역학과 상대성이론과의 결합으로 인한 이상한 부산물이다. 이상량은 아주 작으나 양자장론(*quantum field theory*)의 수학에서는 반드시 상쇄되거나 소거되어야 할 치명적인 결점이다. 이론은 이런 이상량이 존재하는 한 아무 쓸모가 없는 것이다.

이상량은 광택이 나는 도자기 또는 세라믹을 만들기 위해 미세한 점토, 모래, 광물 등을 섞을 때 생기는 작은 결함같은 것이다. 심지어는 구성요소를 바른 비율로 섞을 때 작은 실수라도 있다면 이 작은 그러나 치명적 결점은 최종 산물을 파괴할 수 있다. 도자기의 99.9퍼센트가 완전하게 만들어졌더라도 0.1퍼센트의 결함은 결과적으로 균열에 의해 파괴될 수 있기 때문이다.

이상량은 이론이 우아하더라도 절대적으로 일관성이 없으며 우스꽝스러운 예언을 한다. 또한 이상량은 중력에 관한 양자장론을 구성할 때, 또 다른 구속조건이 필요하다는 것을 우리에게 말해주고 있다. 사실 S-행렬이론에서처럼, 최종 해답은 유일할 것이라고 추측되는 양자이론에 많은 구속조건이 있는 것 같다.

이상량은 대칭이 있는 대부분의 이론에 존재한다. 예를 들면, 초끈 모델은 이상량을 소거하기 위해 높은 차원이 요구되어 소련 물리학자인 A. M. 폴랴코프(A. M. Polyakov)에 의해 밝혀진 10차원에서 존재한다. 프린스턴대학의 E. 위튼과 L. 알바레스-가우메(L. Alvarez-Gaume)는 중력이 다른 입자들과 상호작용할 때 결과적인 이론들은 치명적 이상량을 가지고 있다. 언뜻 보면 이것은 우울한 결과로 양자 중력의 관(棺)에 또 하나의 못을 박는 것처럼 보였다.

그러나 1984년 그린과 슈바르츠는 초끈 모델이 이상량을 없앨 수 있는 충분한 대칭성을 가지고 있다는 것을 관찰했다. 어떠한 실질적인 응용을 하기에 충분히 우아하다고 여겨지는 초끈이론의 대칭성은 이제 모든 무한 발산량과 이상량을 소거하는 열쇠가 되었다.

이것은 초끈이론에 대해 폭발적인 관심을 갖게 했다. 갑자기 물리학자들은 10년도 지난 연구논문들의 먼지를 털기 위해 도서관으로 달려갔던 것이다.

노벨상을 받았던 S. 와인버그는 초끈이론에 관한 흥분된 소식을 듣고 즉시 초끈이론에 관한 연구를 택했다. 그는 "나는 내가 쓰고 있던 몇 권의 책들을 포함해 내가 하고 있던 모든 것들을 내던졌고 끈이론에 관한 내가 할 수 있는 모든 것들을 배우기 시작했다"라고 했다. 그러나 완전히 새로운 수학을 배우는 것은 쉽지 않았다. "수학은 매우 어렵다"[7]라고 그는 시

7) 같은 책, 56.

인했다.

변화는 진실로 놀라운 것이었다. 몇 달 이내에 초끈이론은 단지 우아하며 쓸모없는 호기심 정도에서 통일장이론의 유일한 희망이 되었던 것이다. 이상량은 양자중력이론을 구성하는 어떤 희망도 좌절시키는 대신에 초끈이론을 부활시켰다. 초끈이론에 관한 연구논문은 1980년 초에는 단지 몇 편에 불과했으나 1987년 무렵에는 이 이론을 이론물리학의 주류로 만들면서 수백 편으로 늘어났다. 여기에서 또 한 번 과학사에서 명백한 결함이 위대한 가치가 있는 것으로 판명된 다른 희귀한 경우들을 생각나게 한다. 한 보기로 1882년 A. 플레밍(A. Fleming)은 포도상구균 박테리아의 잘 배양된 접시가 어떤 빵곰팡이에 의해 우연히 오염되면 파괴될 수 있다는 것을 발견했다. 처음에 그는 이런 곰팡이들에 의해 손상되는 것으로부터 박테리아 배양을 보호하기 위해 보호장치를 취하는 것이 문제가 있다는 것을 알았다. 그러나 곧 플레밍은 어쩌면 박테리아를 죽이는 곰팡이들이 박테리아 배양 자체보다 더 중요할지도 모른다는 것을 알게 되었다. 이 중요한 관찰은 페니실린을 발견하게 하였고 수백만의 인명을 구했으며 그가 말했던 우연과 세심한 관찰의 승리로 인해 1945년 노벨 의학상을 플레밍에게 안겨주었던 것이다.

타고 난 재로부터 생겨나는 불사조처럼 격렬하게 이 시대에 되살아난 초끈이론은, 우연과 세심한 관찰을 한 슈바르츠와 그린의 승리에 매우 감사하리라 생각된다.

## 6. 대칭성: 잃어버린 연결 고리

아름다움이란 무엇인가?

음악가에게 있어서 아름다움은 위대한 정열을 일으키는 조화롭고 교향악적인 평화일지 모르며, 예술가에게 있어서 아름다움은 자연으로부터의 정경의 본질을 파악하고 또는 공상적인 개념을 상징화하여 그림을 그리는 데 있을지 모른다.

그러나 물리학자에게 있어서 아름다움은 대칭성을 뜻한다.

물리학에서 가장 명백한 대칭성의 보기는 결정체 또는 보석이다. 결정체들이나 보석들은 아름답다. 왜냐하면 이들은 대칭성을 갖고 있기 때문이다. 즉, 우리가 이들을 어떤 각도로 회전시켜도 정확히 그 모양을 유지하기 때문이다.

결정체는 회전하면 본래로 되돌아가기 때문에 회전에 대하여 불변한다. 보기로 정육면체는 어떤 축을 중심으로 90도를 회전해도 그 원래의 방향성을 유지한다. 더 나아가 구는 어떻게 회전시킬지라도 본래 모습을 유지하기 때문에 보다 큰 대칭성을 가지고 있다.

같은 방법으로 대칭성을 물리학에 적용할 때, 우리는 어떤 회전을 했을 때의 방정식이 회전 전의 방정식과 같은 꼴을 유지한다는 것을 요구한다. 이 경우 회전(실제로는 서로 맞바꿈)은 우리가 공간을 시간으로 또 전자들을 쿼크들로 바꿀 때 일어난다. 우리는 만일 이런 회전을 한 후 방정식들이 같은 꼴을 유지한다면 방정식들이 아름다운 대칭성을 유지한다고 말한다.

물리학자들은 가끔 다음과 같은 물음을 논의해왔다. 자연은 대칭성을 요구하는가? 대칭성은 단지 인간에게 특별한 감성적인 일인가? 또는 자연은 우주 안에서의 대칭성을 좋아하는가?

우주는 확실히 대칭적으로 만들어져 있지 않다. 우주는 완벽하게 아름다운 얼음 결정체나 보석으로만 이루어져 있지 않으며 대신에 난잡하게 깨어진 모습을 드러내고 있다. 울퉁불퉁한 바위들, 구불구불한 강들, 모양이 없는 구름들, 불규칙한 산맥, 무질서한 화학 분자들 또는 알려진 수백 여 종의 소립자들 등에는 많은 대칭성이 남아 있지 않다.

그러나 양-밀스 이론과 게이지 이론이 발견되어, 기초적인 수준에서 자연은 물리 이론에서 대칭성을 좋아하는 것이 아니라 자연 자체가 그것을 요구하고 있다는 것을 서서히 인식하게 되었다. 이제 물리학자들은 대칭성이 재앙적인 이상량과 발산량이 없는 물리학 원칙을 구성하는 열쇠라는 것을 인식하고 있다.

사실 대칭성은 왜 다른 이론들을 없애기에 충분한 모든 잠재적인 해로운 발산량과 이상량이 초끈이론에서 서로 완벽하게 상쇄되는가를 설명하고 있다.

초끈 모델은 아인슈타인의 일반상대성이론, 약한 전자기 상호 작용과 대통일이론들이 갖는 모든 대칭성을 포함할 수 있는 대칭성의 거대한 집합을 가지고 있다. 모든 우주에 알려진 대칭성과 아직 발견되고 있지 않는 많은 대칭성이 초끈이론에 담겨져 있다. 돌이켜보면 우리는 왜 초끈이론이 잘 들어맞는가, 하는 이유가 대칭성에 있다는 것을 알고 있다.

이제 물리학자들은 대칭성이 상대성이론적인 양자이론이 직면하고 있는 잠재적인 운명적 문제들을 소거하는 데에 핵심이라는 것을 인식하고 있다. 비록 과학자들이 단지 감성적인 이유 때문에 대칭성을 갖는 이론을 선호할지라도 우리는 실제로 상대성이론과 양자역학의 결합을 받아들이기 위한 필요한 기준으로서 처음부터 자연이 대칭성을 요구하고 있다는 것을 알고 있다.

이것은 처음부터 확실하지는 않았다. 이전 물리학자들은 상대성이론적이며 양자역학을 따르는 많은 일관된 우주 이론들을 구성할 수 있다고 믿었다. 지금은 놀랍게도 우리들은 발산량과 이상량의 소거를 위한 조건들이 단지 한 이론에만 허락된다는 것을 알게 되었다.

## ◆ 대칭성과 군론

대칭성의 수학적인 연구를 '군론(群論)'이라고 하는데 여기서 군(群)이라는 말은 단지 정확한 수학 법칙에 의해 연결된 수학적 대상의 집합을 뜻한다. 군론은 1811년에 태어난 프랑스의 위대한 수학자 E. 갈루아(E. Galois)가 창시한 분야이다. 대칭성만을 이용해 10대의 갈루아는

500년간 세계의 위대한 수학자들을 괴롭혀 온 문제를 풀었다. 예를 들어, 우리는 $ax^2+bx+c=0$인 방정식에 대해 고등학교 대수 시간에 단지 평방근을 써서 풀이를 얻을 수 있다고 배웠다. 여기서 문제는, 같은 방법으로 $ax^5+bx^4+cx^3+dx^2+ex+f=0$인 5차 방정식을 풀 수 있겠는가? 하는 것이다.

놀랍게도 이 10대의 소년은 무엇보다도 강력한 새로운 이론을 만들어 수 세기 동안 세계 최고의 수학자들이 풀지 못했던 문제를 해결했던 것이다. 이것이 군론의 힘이었던 것이다.

불행하게도 갈루아는 시대를 너무 앞서가 다른 수학자들은 그의 선진적(先進的) 연구의 진가를 알지 못했다. 예를 들면, 그는 유명한 이공대학(*École Polytechnique*)의 입학시험에서 입시위원회의 위원장들 앞에서 수학 강의를 했다. 그 결과 불합격되었다.

그러자 갈루아는 그의 중요한 발견을 요약한 논문을 프랑스 학술원에서 발표하기 위해 수학자인 A. L. 코시(A. L. Cauchy)에게 보냈다. 코시는 이 연구의 중요성을 이해하지 못했으며 게다가 갈루아의 논문을 잃어버렸다.

1830년에 갈루아는 다른 논문을 학술원의 현상 논문에 보냈으나 이번에는 심사위원인 J. 푸리에(J. Fourier)가 심사하기 직전에 세상을 떠났고 논문은 행방불명이 되어버렸다. 좌절한 갈루아는 논문을 마지막으로 아카데미에 보냈으나 수학자 S. D. 푸아송(S. D. Poisson)이 '이해불능'이라고 판정해버렸다.

갈루아는 나라에 혁명이 휩쓸고 있던 때 태어났다. 그는 자유를 갈구하며 어떠한 전제주의에도 반대하던 1830년의 혁명운동에 참가했다. 그는 드디어 파리의 고등사범학교(*École Normale*)에 입학이 허가되었으나 너무 급진적이어서 퇴학을 당하고 말았다. 1831년에는 L. 필리프(L. Philippe) 왕에 대한 반대 집회에서의 난동 때문에 체포되었다. 그 1년 후 경찰폭동자와 결투를 했다고 기록되었다(갈루아는 어떤 여인과 관련되어 신사도에 따라 그와 권총으로 결투하지 않으면 안 되었다). 갈루아는 약관에 비극적으로 살해되었다.

세계에 대해서는 다행히도 결투하기 전날 밤 죽음을 예감한 갈루아는 자신의 이론의 중요한 결과를 친구인 A. 슈발리에(A. Chevalier)에게 편지로 썼고 그것을 *Revue Encyclopedique*에 게재해줄 것을 부탁했다. 군론에 관한 그의 중요한 사상을 담은 이 편지는 14년 동안 출판되지 못했다(1세기가 지난 후에도 수학자들은 그의 수기에 대해 의문이 있었다. 왜냐하면 그가 죽은 지 25년이 지날 때까지 발견되지 않은 수학 방정식을 참조했기 때문이었다).

비록 창시자인 갈루아의 죽음은 군론에 커다란 손실이었지만, 여기서의 핵심은 군론 가운데에 담겨 있는 거대한 힘을 보여주는 것이다. 군론은 그 자체로 수학적으로 우아할 뿐만 아니라 다른 수학 문제에 응용할 때 엄청난 위력을 발휘하였다. 대칭성에는 기묘한 그 무엇인가가 있어 다른 방법으로는 풀 수 없는 문제들을 풀게 한다(이제 군론은 수학의 큰 부분을 차지하고 있으며 고등학교에서도 때때로 가르치고 있다. '신수학'에 무기력했던 사람들은 그 창시자의 한 사람인 갈루아에게 감사해야 할 것이다).

갈루아 이후 군론은 1800년 후반에 노르웨이의 수학자인 S. 리(S. Lie)에 의해 수학의 한 전문 분야로 발전되었다. 리는 뚜렷한 꼴의 모든 가능한 군(지금은 그의 업적을 기리기 위해 리 군이라고 부르는)을 분류하는 불후의 일을 완성했다.

거의 추상적인 수학적 구성에 기초한 리 군의 발전으로 수학자들은, 그들이 조금도 물리학자들에게는 실제적으로 쓸모가 없는 지식의 한 분야를 드디어 발견했다고 생각했다(명백히 몇몇 수학자들은 실제적인 응용이 없는 아주 순수한 수학을 만든 것에 매우 즐거워했다).

그러나 그들은 잘못 안 것이었다.

1세기가 지난 오늘날, 쓸모없다던 리 군은 모든 물리학적 우주의 기초가 되었다.

## ♦ 리 군—대칭성의 언어

리의 위대한 업적의 하나는 모든 군을 정확히 일곱 종류로 분류한 것이었다.[8] 예를 들면, 리 군의 한 무리는 O(N)이라고 부르는 것이다. 물놀

---

8) S. 리와 E. 카르탕(E. Cartan)은 리 군이 단지 일곱 종류라는 것을 보였고 이들을 단순히 A, B, C, D, E, F 및 G군이라고 명명했다. 처음의 네 종류(A, B, C 및 D)는 임의의 정수 n을 써서 기술한다. 따라서 이들 군의 수는 무한히 많다. 그러나 E, F 및 G군은 유한한 수의 쿼크의 존재를 허용하기 때문에 꽤 오랫동안 물리학자들의 흥미를 끌었다. 물리학자들은 항상 물

이 공은 O(N) 대칭을 갖는 가장 단순한 물체의 한 보기이다. 물놀이 공을 어떤 각도로 돌려도 공은 자기 자체가 된다. 이 공은 O(3) 대칭을 가지고 있다(O는 수직이라는 뜻이며 3은 3차원 공간을 나타낸다).

O(3) 대칭의 다른 보기는 원자이다. 왜냐하면 모든 양자역학의 기본

---

질의 최소한의 구성요소를 탐구하고 있었기 때문에 E, F 및 G군은 이들의 대칭성을 기술하는 좋은 후보였다.

A, B, C 및 D의 각군은 역사적으로는 쿼크와 경입자의 모델을 구성하는 데에 매우 유용하게 쓰여왔다. 가장 널리 쓰인 표기법을 쓰면 이 군들은 다음과 같이 다시 쓸 수 있다.

A(n)=SU(n+1)

B(n)=SO(2n+1)

C(n)=SP(2n)

D(n)=SO(2n)

여기서 S는 특수(즉 이 행렬의 행렬식은 1이다)하다는 것을 뜻하며 O는 직교를, U는 유니터리를, SP는 심플렉틱을 뜻한다. 비록 이 군들을 써서 소립자를 기술하는 수천 편의 논문이 쓰여졌으나 이들 이론의 어느 것도 임의의 수인 n값을 결정할 수는 없는 결점이 있다. 그러나 E, F 및 G 군에는 단지 다음과 같은 종류만이 가능하다.

G(2), F(4), E(6), E(7), E(8)

E, F 및 G의 각 군은 단지 몇 종류밖에 없기 때문에 소립자 물리학자들은 이것이 쿼크가 유한한 수밖에 존재하지 않는 이유를 설명할지 모른다고 생각했다. 보기를 들면 E(6)군은 대통일이론을 구성하는 데에 성공적으로 쓰여왔다.

그러나 초끈이론은 알려진 모든 소립자를 설명할 수 있을 뿐만 아니라 수억 개도 넘는 새로운 입자의 존재를 예견하기에 충분한 E(8)×E(8)이라는 대칭성을 가지고 있다. 초끈 대칭성이 깨어질 때 E(6)로 깨어지며 뒤이어 SU(3)×SU(2)×U(1) 대칭성으로 깨어질 것이라고 생각된다.

수학자에 의해 분류된 원래의 일곱 종류에 리와 카르탕에 의해 처음에는 발견되지 않았던 초대칭성군인 직교 심플렉틱군 Osp(N/M)과 초유니터리군 SU(N/M)이 더 알려져 있다. 이 두 군도 역시 초중력이론과 초등각 중력이론의 기초가 되는 대칭성이다.

인 슈뢰딩거 방정식은 회전 아래 불변이기 때문에 원자에 관한 슈뢰딩거 방정식의 풀이는 이 대칭을 가지고 있어야 한다. 원자가 이 회전대칭을 갖는다는 사실은 슈뢰딩거 방정식이 갖는 O(3) 대칭의 직접적인 결과인 것이다.

리는 또한 복소수를 회전시키는 SU(N)이라 부르는 대칭성 집합을 발견했다. 가장 단순한 보기는 U(1)으로 이것은 맥스웰 방정식의 기초가 되는 대칭성이다('1'은 광자가 하나밖에 없다는 사실을 뜻한다). 다음으로 간단한 보기는 이들의 전하를 제외하고는 비슷한 양성자와 중성자를 서로 바꿀 수 있게 하는 SU(2)이다.

하이젠베르크는 1932년에 이들 입자에 관한 슈뢰딩거 방정식이 이들 입자를 맞바꿔도 불변한다는 것을 처음으로 보였다.

또 다른 보기로는 전자와 뉴트리노를 서로 바꿀 때 변하지 않는 와인버그-살람 모델이다. 이 이론은 두 입자를 회전시키기 때문에 SU(2) 대칭군을 가지고 있다. 또한 맥스웰의 U(1) 대칭도 포함하기 때문에 와인버그-살람의 완전한 대칭은 SU(2)×U(1)이다.

사카다와 그의 동료들은 강한 상호작용은 SU(3) 대칭군에 의해 나타낼 수 있다는 것을 보였는데, 이 대칭군은 강하게 상호작용하는 입자들을 구성하는 세 개의 소립자들을 회전시킨다. 게다가 SU(5)는 다섯 개의 입자들(전자, 중성입자, 및 세 개의 쿼크들)을 섞을 수 있도록 구성된 가장 작은 대통일이론을 준다.

물론 만일 N개의 쿼크가 있다면 대칭군은 SU(N)이며 N은 필요에 따라 큰 값을 택할 수 있다.

그런데 리 군의 가장 이상한 종류는 E(N)군이다. E(N) 대칭성을 갖는 단순한 보기를 상상하는 것은 어렵다. 왜냐하면 이들 신비로운 군은 보통의 물체의 입장에서 표현할 수 없기 때문이다. E(N) 대칭성을 갖는 눈 조각이나 결정은 없다. 이들 기묘한 대칭성들은 물리적인 대상과는 상관없이 추상적인 대수 조직을 통해 엄격하게 리에 의해 발견되었다. 순수한 수학적인 이유 때문에 이 군은 N이 8까지만 가능하다는 기묘한 성질을 가지고 있다(고도의 수학을 쓰지 않고 설명할 수 없기 때문에 왜 최댓값이 8인지 그 이유를 평범한 사람의 언어로 설명하는 것은 불가능하다).

이 E(8)군은 초끈이론의 대칭성의 하나이다. 구성할 수 있는 최댓값이 8이기 때문에 기묘한 '수비학(數祕學)'의 꼴이 나왔으며 이것은 끈 모델에서 알려진 26차원 및 초끈 모델에서 알려진 10차원과 밀접하게 연결되어 있다. 이 '수비학'의 기원은 수학자들에게 알려져 있지 않다. 초끈이론에 8, 10 및 26이라는 숫자가 갑자기 나오는 이유를 알게 되면 우주가 4차원으로 존재하는 이유도 알 수 있을 것이라 생각한다.

그러므로 통일장이론의 열쇠는 통일을 위한 수학적 틀로서 리 군을 받아들이는 것이다. 물론 오늘날 이 모든 것은 쉬운 것처럼 보인다. 물리학자들은 놀랄 만한 우아함과 아름다움을 갖는 리 군과 통일장이론의 발전을 자랑스럽게 여기고 있다. 그러나 이것이 항상 그런 것은 아니었다. 끊임없이 대부분의 물리학자들은 완고해 이런 말을 듣지 않고 보다 큰 리 군과 통일을 물리학에 도입하는 것에 격렬하게 저항해왔다. 그래서 이런 것이 단지 소수의 물리학자들만이 보다 멀리 내다볼 수 있게 된 이유일지도 모른다.

## ♦ 통일에 대한 적의

W-입자의 발견과 약한 전자기이론이 확실하게 확인되기 42년 전인 1941년, 하버드의 슈윙거는 약력과 전자기력은 한 이론으로 통일될 수 있다고 오펜하이머에게 언급했다. 슈윙거는 "나는 이것을 오펜하이머에게 말했으나 그는 매우 냉담하게 받아들였다. 결국 이것은 법외의 고찰이 되어 버렸다"[9]라고 회고했다.

슈윙거는 실망했음에도 불구하고 이 고도의 수학적인 이론을 꾸준히 추구했다. 앞에서 언급했던 천재 슈윙거는 고도의 수학에 전혀 낯설지 않았다. 그는 겨우 14살에 뉴욕의 시립대학에 들어가 컬럼비아대학으로 전학했으며 17살에 학교를 졸업하였고 20세에 박사학위를 받았다. 28세에 그는 하버드대학에서 최연소의 정교수가 되었다.

1956년 슈윙거는 컬럼비아대학의 노벨상 수상자인 I. 라비에게 괄목할 정도로 완벽한 약한 전자기이론을 보여주었다. 라비는 솔직하게 "모

---

9) Crease and Mann, *The Atlantic Monthly*, 73.

든 사람들이 그 논문을 싫어한다"[10]라고 답했다. 슈윙거는 그의 약한 전자기이론이 몇몇의 실험자료와 어긋난다는 것을 알자 혐오하며 그의 손에 들린 논문을 집어 던졌고 그의 우스꽝스러운 이론을 그의 대학원생 글래쇼에게 넘겨버렸다.

물론 틀린 것은 그의 이론이 아니라 당시 슈윙거가 보았던 실험자료였다. 약한 전자기이론으로 글래쇼, 와인버그와 함께 노벨상을 받았던 살람은 훗날 "만일 실험들이 틀리지 않았다면 그는 그때 모든 것을 완성했을 것이다"[11]라고 술회했다.

비록 글래쇼와 그의 동료들이 다른 과학자들의 웃음거리가 되었으나 이들은 바른 길을 가고 있었다. 이들은 SU(2)를 써서 수학적으로 전자와 중성미자를 통일하였다. 전자기이론은 스스로 U(1) 대칭을 가지고 있다. 그래서 전체 이론은 SU(2)×U(1) 대칭성을 가졌다. 슬프게도 수십 년 동안 물리학계 전체가 이 이론을 무시해왔다.

사카다와 그의 동료들의 연구도 비슷하게 냉담한 반응을 받았다. 겔만이 쿼크를 도입하기도 전에, 1950년대에, 사카다와 그의 동료들은 유행하던 견해와는 달리 강입자의 속에는 SU(3) 대칭성을 갖는 내부구조가 존재한다고 대담하게 예언을 하였다. 그러나 사카다의 소립자이론은 그 당시로는 너무 앞서 있어서 다른 물리학자들이 충분히 이해할 수 없었다.

---

10) 같은 책, 75.
11) 같은 책.

그래서 사카다의 착상은 기이하게 여겨졌다.

다른 분야의 전문가들도 그렇듯이 물리학자들도 수년 동안 어떤 문제에 몰두해오고 있을 때 갑자기 그 문제 전체의 풀이를 제안하는 사람을 쉽게 믿으려 하지 않거나 심지어는 질시까지 하는 경향이 있다.

이것은 살인사건을 해결하기 위해 애쓰는 탐정과도 같다. 여러 달 동안 많은 좌절을 겪으면서 사건의 실마리를 조심스럽게 맞추고 있는 사람을 상상해보라. 증거에 많은 허점이 있고 심지어 어떤 증거는 모순된 것같이 보인다(게다가 이 사람은 똑똑하나 천재는 아니다). 그가 일련의 증거들에 관해 골몰하고 있는 반면 생기가 넘치는 젊은 탐정이 실내로 난입해 일련의 증거 가운데 하나를 택하고 갑자기 "나는 살인자가 누구인지 안다"라고 말했다. 아마 둔한 탐정은 질투와 함께 일종의 분노를 느꼈을 것이다.

결국 경험 있는 탐정은 젊은 탐정에게 증거에 많은 허점이 있을 때 답을 추측하는 것은 너무 이르다라고 말할 것이다.

"누구도 '누가 살인자이다'라는 것에 대해 이론들을 제안할 수 있다"라고 그는 말할지 모르나 실제로 그는 왜 이 젊은 탐정이 결론으로 비약하지 않는 주의 깊고 경험 많은 탐정의 세심한 점을 인식할 수 없는지 수백 가지의 이유를 제안할 수 있다. 그의 논의는 심지어는 오펜하이머가 슈윙거에게 했던 것처럼 특정인이 살인자라고 제안하는 것은 어리석은 것이라고 젊은 탐정을 확신시킬지도 모른다.

그러나 젊은 탐정이 옳았다면 어떻겠는가?

이 기묘한 적의(敵意)는 서양 물리학자들에게서 잘 발견되는 기계론적인 사고방식으로부터 시달리고 있는 대부분의 물리학자들의 무의식적인 경향이다. 이 기계론적인 사고방식은 대상의 개별적인 부분의 역학적인 운동을 살핌에 의해 대상의 내적 작용을 이해하려고 하는 것이다. 비록 이런 방식이 특별한 영역의 법칙을 끄집어내는 데 부인할 수 없는 성공을 이룩했을지라도 이 경향은 사람으로 하여금 전체를 보지 못하게 하며 보다 큰 패턴을 알지 못하게 한다. 수십 년 동안의 이 기계론적 사고로 인해 물리학자들은 아인슈타인이 1920년대 이후 노력해오던 통일이라는 사고에 대해 편견을 가져왔다.

### ♦ 양-밀스 이론

1950년대에 롱아일랜드에 있는 브룩헤이븐 국립연구소에 있던 물리학자 C. N. 양(C. N. Yang)과 그의 동료 R. 밀스(R. Mills)는 바로 관심을 끌지는 못했으나 좋은 제안에 관한 모든 것을 알고 있었다.[12] 대칭과 통일에 관해 위력을 보여주는 그들의 제안은 사실상 수년 동안 무시되었다.

양은 그의 아버지가 수학교수로 있던 중국의 허페이에서 1922년에 태어났다. 양은 쿤밍 및 칭화대학교를 졸업했으나 그는 그보다 앞서 오펜

---

12) 양-밀스 이론은 또한 R. 쇼(R. Shaw)와 R. 우티야마(R. Utiyama)에 의해 독자적으로 제안되었다.

하이머가 했던 것처럼 독일로의 의례적인 순례를 하지 않았다. 물리학자들의 다음 세대에게 있어서 전쟁 후의 물리학계는 이주한 유럽인들에 의해 주도되고 있다는 것이 명백하였고 이것은 미국으로의 유학을 뜻하는 것이었다.

양은 1945년에 미국에 도착했고 곧 그가 존경하던 사람의 하나인 B. 프랭클린(B. Franklin)을 본따서 '프랭크'라는 애칭을 가졌다. 그는 이탈리아 물리학자인 E. 페르미로 인해 전후 물리학의 메카라고 불리던 시카고 대학에서 1948년에 박사학위를 받았다(페르미는 1942년에 핵연쇄반응이 제어 가능하여 원자폭탄과 핵발전소의 발전이 가능하다는 것을 처음으로 보인 사람이다).

1947년, 대학원생이었던 양은 맥스웰 이론보다 세련되고 일반적인 이론을 생각해냈다. 지금 생각해보면 명백하지만 이것은 맥스웰 이론이 아인슈타인에 의해 발견된 상대성원리인 시공간 회전 아래 불변할 뿐만 아니라 U(1)이라고 부르는 다른 종류의 대칭을 가지고 있다는 것이 었다. 이것은 SU(2) 및 보다 큰 대칭으로 일반화될 수 있겠는가?

하이젠베르크는 일찍이 SU(2)는 슈뢰딩거 방정식에서 양성자와 중성자를 섞음에 의해 생겨나는 대칭이라는 것을 보였다. 하이젠베르크는 양성자가 중성자로 바뀌고 중성자가 양성자로 바뀔 때 기본 방정식이 불변하게 되는 이론(같은 꼴을 갖는)을 만들었다. 그때 하이젠베르크는 양성자와 중성자가 달이나 지구에 놓여 있든 상관없이 변하지 않는 각으로 이들 입자들을 섞었다. 이 대칭성은 실제로 양성자와 중성자가 어디에 놓여 있는지에는 민감하지 않았다.

그러나 양은 스스로에게 물었다. "만일 지구 위에서와 달 위에서 서로 다른 각을 가지고 양성자와 중성자를 섞을 때 변하지 않는, 보다 세련된 이론을 만들어낸다면 무슨 일이 일어날까?" 실제로 공간상의 각 점에서 다른 각을 가지고 섞는다면 어떤 일이 벌어지겠는가?

공간상의 각 점에서 다른 각을 갖는다는 이 생각은 양-밀스 이론(또는 게이지 이론이라고도 부르는)으로 발전되었다. 양과 그의 동료들 이 구체적인 이론을 구성했을 때 그들은 이 국부 대칭성은 만일 약한 상호작용의 W-입자와 매우 비슷한 새로운 메손 같은 입자를 가정한다면 만족될 수 있다는 것을 알았다.

금세기의 가장 중요한 논문 가운데 하나가 된 그들의 논문에 대해 물리학계의 반응은 예측 가능한 것이었다. 즉, 무관심했다.

이른바 양-밀스 입자의 문제는 이것이 너무 많은 대칭성을 가지고 있다는 것이었다. 이것은 자연에 알려진 어떤 입자와도 닮지 않았던 것이다. 예를 들면, 이 이론은 이들 양-밀스 입자들은 완벽하게 질량이 없다고 예언했으나 제안된 W-중간자는 유한한 질량을 가지고 있었다. 그 결과 양-밀스 입자는 자연에서 발견된 어떤 입자와도 일치하지 않았기 때문에 이 이론은 그 후 20년 동안 과학적인 골동품이 되어버렸다. 양-밀스 이론을 실제적으로 만들기 위해 물리학자들은 이론의 좋은 점들은 남겨놓은 채 어떻게 해서든지 이들 대칭성들을 깨버려야만 했다.

그 결과 거의 20년 동안 양-밀스 이론은 진열대에 놓여 있었고 정기적으로 호기심 있는 물리학자에 의해 들려졌으나 곧 다시 던져져버렸다. 이 이론은 첫째로 아무도 증명하지는 못했으나 재규격화가 불가능하리라 생각되어졌고 둘째로 W-입자는 질량을 갖고 있는데 이 이론은 당시 질량이 없는 입자들만을 설명하고 있었기 때문에 실제적인 적용을 할 수 없었다. 과학사에는 우여곡절이 많이 있었지만 양-밀스 이론이 거의 20년 동안 무시되어진 것은 중대한 간과 가운데 하나로 기록되고 있다.

P. 힉스(P. Higgs)가 양-밀스 이론의 대칭성의 일부가 깨어질 수 있으며 그로 인해 입자들이 질량을 가질 수 있다는 것을 알아냄으로써 사태가 발전되었다. 이것으로 W-입자 이론과 비슷하다고 말했으나 아무도 이 이론이 재규격화가 가능하리라고는 믿지 않았다.

이 모든 것은 네덜란드 출신의 24살인 물리학자의 연구에 의해 바뀌어졌다.

### ♦ 게이지 혁명

역사상 가끔 물리학에서의 큰 발견이 약관의 물리학자에 의해 이루어져 왔다. 뉴턴이 중력의 법칙을 발견했을 때는 23세였고 디랙이 반물질이론을 만들어냈을 때는 26세였으며 아인슈타인 $E=mc^2$을 썼을 때는 26세였다.

왜 이럴까? 아무도 실제로는 모르나 20대의 물리학자들은 30대나 40대의 물리학자들이 가지고 있는 강한 선입관을 가지고 있지 않다는 것을 생각해볼 수 있을 것이다.

1971년에 G. 토프트가 보인 것은, 힉스에 의해 깨어진 양-밀스 이론을 약한 상호작용에 맞게 만들면 재규격화가 가능하다는 것이었다.

이 게이지 이론이 재규격화가 가능하다는 증명은, 물리학계에 화산폭발을 일으켰다라고 말해도 결코 과장이 아니다. 1860년대의 맥스웰 이래 처음으로 자연계의 기본적인 힘들의 몇몇을 통일할 수 있는 이론이 탄생되었던 것이다. 처음 이 이론은 약한 전자기 상호작용을 설명하기 위해 SU(2)×U(1)을 사용했다. 그 후 쿼크를 함께 묶는 SU(3)의 글루온 이론에 쓰여졌다. 그리고 나중에는 알려진 모든 입자들을 한 가족으로 묶기 위해 SU(5) 또는 보다 큰 군을 사용했다.

이 '게이지 혁명'을 되돌아보면 물리학자들은 우주가 그들이 예상했던 것보다도 훨씬 더 단순하다는 것에 놀랐다. 한번은 와인버그가 다음과 같이 언급했다. "비록 대칭성이 우리들 눈에는 보이지 않으나 그것이 자연 가운데 갖춰져 있으며 우리들 주변에 있는 모든 것을 지배하고 있다는 것을 느낄 수 있다. 자연이 보이는 것보다 훨씬 더 단순하다는 것이 내가 아는 한 가장 흥분된 착상이다. 인류 가운데 우리 세대가 우주의 열쇠를 실제로 우리 손에 쥐고 있다고 하는 것보다 더 희망적인 것은 없다. 즉, 아마 우리의 일생을 통해 왜 우리가 보는 광대한 은하 우주와 소립자의 모든 것이 논리적으로 명백한가를 말할 수 있을지도 모르기 때문이다."[13)]

---

13) Calder, *The Key to the Universe*, 185.

## ♦ 대통일이론으로부터 끈이론으로

대통일이론 모델은 그것이 바로 쿼크, 경입자(전자 및 뉴트리노) 및 양-밀스 입자로 이루어진 몇 개의 기본입자들을 가정함에 의해 수백 개의 소립자들을 하나로 묶을 수 있기 때문에 자극적이었다.

그러나 갑자기 문제가 생겼다. 시간이 흐름에 따라 입자가속기에 의해 1974년 네 번째 쿼크를 포함해, 보다 많은 기본적인 쿼크와 경입자가 발견되었다. 또다시 역사가 반복되는 것처럼 보였다.

1950년대에 물리학자들은 강한 상호작용을 하는 소립자의 바다에서 허우적거렸다. 이것이 SU(3) 및 쿼크 모델의 발견을 가능케 했다. 이제 1970년 후반과 1980년대 초에 더 많은 쿼크가 발견되었다.

이 새로운 쿼크들에 대해 곤혹스러운 것은 앞서 발견된 쿼크들의 복사판이라는 것이었다. 물리학자들은 불필요한 반복을 싫어했으나 그러나 쿼크의 다음 세대는 질량이 무겁다는 것을 빼고는 앞서 발견된 쿼크들과 똑같았다. 물리학자들에게 있어서 복제판 쿼크의 존재는 대통일이론이 우주의 기본이론이 될 수 없다는 것을 뜻하는 것이었다.

오늘날 만일 대통일이론을 구성하기 위해 필요한 쿼크의 전체 숫자를 센다면 (반쿼크를 포함하면 두 배가 된다는 것을 언급하지 않으면) 여섯 개의 '향'과 세 개의 '색'을 갖는 쿼크들이 있다는 것을 알 수 있다. 결국에는 궁극의 쿼크와 경입자의 합은 최저 48개가 되어 이것으로는 도저히 기본적인 이론이라고 할 수 없을 것이다. 사실 현재의 궁극의 경입자와 왜 대통일이론의 입자들은 세 번씩이나 반복되는가?

| Electron Family | Muon Family | Tau Family |
|---|---|---|
| electron | muon | tau |
| neutrino | muon neutrino | tau neutrino |
| up quark | strange quark | top quark |
| down quark | charmed quark | bottom quark |

대통일이론의 가장 곤혹스러운 점 하나는 왜 똑같은 입자가 세 세대나 존재하는가를 설명할 수 없다는 것이다. 그러나 초끈이론에서는 이들 반복되는 세대들이 같은 끈의 다른 진동으로써 설명될 수 있다.

쿼크의 수가 1950년대의 물리학자들이 예측했던 기본단위의 소립자의 수보다도 많다. 그 결과 대통일이론은 어떤 의미로도 우주의 마지막 이론이 될 수가 없게 되었다.

대통일이론과는 달리 초끈이론은 단 하나의 실재(끈)를 E(8)×E(8) 대칭성을 갖는 물질의 기본단위로 가정해 급격히 늘어나는 쿼크 문제를 해결하였다.

리는 SU(N)군 이외에도 E(6), E(7) 및 E(8)이라 부르는 다른 종류의 군들을 발견했다(여기서 E는 예외적이라는 것을 뜻한다). 이들 군들은 단순히 E(8)에서 더 이상 커지지 못하기 때문에 예외적이었다. 대통일이론의 대칭성을 갖는 이 E(8)군은 끈이론에서 중요한 구실을 하게 된다.

## ♦ 종이접기와 대칭성

왜 초끈이론은 그렇게 잘 들어맞는가?

초끈이론은 강력한 대칭성인 등각대칭성(*conformal symmetry*)과 (*super symmetry*)을 가지고 있기 때문에 그런 기적적인 성질을 가지고 있다. 종이접기는 등각대칭성을 설명하기 위하여 쓰일 수 있다(초대칭성은 다음 장에서 다룰 것이다).

앞에서 조립식 장난감들이 점입자에 관한 S-행렬을 계산하는 데 유용하다는 것을 보았다. 막대기와 연결자를 써서 무수히 많은 파인먼 도식을 만들 수 있으며 모두 합하면 S-행렬을 줄 수 있다는 것을 알았다.

그러나 대부분의 이들 파인먼 도식에는 규칙도 이유도 없다. 우리는 단순히 눈 감고도 모든 가능한 꼴의 조립식 장난감을 조립할 수 있다. 다행히도 QED와 같은 단순한 이론에서는 관측자료와 극적인 일치를 위해 단지 몇 개의 도식만 취하면 된다.

그러나 양자중력이론에서는 심지어 한 올가미 도식을 나타내기 위해 수만 개의 도식이 필요하다.

그리고 이들 대부분의 도식은 발산하고 있다. 자연이 실제로 이처럼 복잡하겠는가? 이들 도식으로 수년 동안 일하여 수천 페이지나 되는 방정식들을 만들어낸 그 누구도 반드시 이 모든 것에 대해 하나의 꼴이 있어야 한다고 느낄 것이다.

초끈이론은 이들 수천 개의 도식을 바로 몇 개로 줄이게 하는 그런 대칭성을 가지고 있다. 이들 도식의 굉장한 장점은 이들이 고무처럼 도식의 값을 바꾸지 않고 늘릴 수도 줄일 수도 있다는 것이다. 예를 들면, 올가미가 하나인 수준에서는 수만 개의 파인먼 도식 대신에 단지 하나의 도식만이 존재한다. 모든 수만 개의 다른 한 올가미를 갖는 파인먼 도식들은 이들을 늘림에 의해 서로 같다는 것을 보일 수 있다. 명백히 이 대칭성은 이론을 굉장히 간단하게 만든다.

사실 이 대칭성은 매우 강력해 수천 개의 발산량을 상쇄해 결과적으로 유한한 S-행렬을 준다.

## ♦ 깨어진 대칭성

만일 자연이 완벽하게 대칭적이라면 물리학자의 일은 매우 쉬웠을 것이다. 통일장이론은 4개가 아닌 단지 한 가지의 힘만 존재하기 때문에 명백한 것이다. 그러나 자연은 깨어진 대칭성이라는 꿀의 경이로움으로 가득 차 있다. 예를 들면, 자연계는 완벽하게 결정이거나 균일하지 않고 불규칙적인 은하계, 기울어진 행성궤도 등으로 가득 차 있다. 세계는 대칭이 깨어져 있기 때문에 대칭이 감춰져 있는 보기들로 가득 차 있다. 사실 대칭성이 결코 깨어지지 않았다면 우주는 단조로운 공간이었을 것이다. 인간은 원자들이 없기 때문에 존재할 수 없을 것이며 생명체는 불가능할 것이며 화학 자체도 성립치 않았을 것이다. 모든 것은 완벽하게 균일하며 단조로울 것이다. 그러므로 대칭성의 붕괴가 우주를 그렇게 흥미롭게 만들었던 것이다.

예를 들면, 깨어진 대칭성에 관한 연구는 물의 어느 현상을 설명한다. 액체 상태의 물은 많은 대칭성을 갖고 있다. 우리가 물을 어떻게 회전을 시켜도 물은 물 그대로 있다. 심지어 물을 지배하는 방정식들은 같은 대칭성을 갖고 있다. 그러나 우리가 물을 천천히 식히면 불규칙한 얼음 결정들이 모든 방향으로 형성되어 무질서한 망을 만들어 결과적으로는 고체 얼음이 된다. 여기서 문제의 핵심은 다음과 같다. 비록 원래 방정식들이 많은 대칭성을 가지고 있다고 하더라도 방정식에 대한 풀이들은 이 대칭성들을 반드시 갖고 있지는 않다는 것이다.

왜 이들 양자전이가 일어나는가 하는 이유는 자연이 항상 가장 낮은 에너지 상태를 선호하기 때문이다.

우리는 항상 이것의 명백함을 알 수 있다. 예를 들면, 물은 보다 낮은 에너지 상태로 가려는 경향이 있기 때문에 아래로 흐른다. 양자전이는 계가 원래 가짜 에너지 상태(때로는 '거짓 진공'이라고도 부름)에서 시작했기 때문에 일어나는 것이며 항상 보다 낮은 에너지 상태로 전이가 일어나게 된다.

## ♦ 대칭성의 회복

감춰진 대칭성을 드러내기 위해 깨어진 대칭성의 조각들을 분석하는 것이 희망 없는 일로 보일지 모른다. 그러나 태양빛의 대칭성을 회복할 수 있는 한 가지 방법이 있다. 즉, 물질을 가열하는 것이다. 예를 들면 얼음을 가열하여 물로 되돌리면 O(3) 대칭성을 회복할 수 있다. 같은 방법으로 만일 네 가지의 힘에 관한 감춰진 대칭성을 회복시키기를 바란다면 이론을 다시 가열시켜야 한다. 즉, 온도가 초끈이론의 깨어진 대칭성을 회복하기에 충분히 높은 대폭발 때로 돌아가야 한다.

물론 우리는 물리적으로 우주를 다시 가열할 수는 없으며 대폭발의 조건도 다시 만들어낼 수 없다. 그러나 대폭발을 연구함으로써 우리는 우주가 완전한 대칭성을 가지고 있던 시대를 분석할 수가 있다.

물리학자들은 태초에는 온도가 충분히 뜨거워 모든 힘이 하나였다고 추측하고 있다. 그러나 우주가 식어감에 따라 네 가지 힘을 하나로 묶고 있던 대칭성이 차례로 깨어지기 시작한 것이다. 즉, 우리가 오늘날 네 개의 힘을 느끼는 것은 우주가 오래되어 너무 식었기 때문이다. 만일 우리가 대폭발을 목격했다면 그리고 이론이 옳다면 우리는 다음 장에서 설명할 초대칭성 같은, 초끈이론의 대칭성을 갖고 있는 모든 물질을 볼 수 있었을 것이다. 그런데 여기서 의문이 있다. 물리학자들이 초대칭성이 이 모든 것의 열쇠라고 주장하며 또한 초대칭성이 그토록 단순한 이론이라면 왜 초대칭성이 그 오랜 세월 동안 물리학자들을 피해 숨어온 것일까?

# 7. 초대칭성

초끈이론의 발견에 공헌을 가장 많이 한 사람은 캘리포니아 공과대학의 슈바르츠 교수이다. 초끈이론에 관한 몇몇 저명한 물리학자들처럼 슈바르츠는 과학자의 집안에서 태어났다. 아버지는 공업화학자였으며 어머니는 비엔나대학교의 물리학자였다. 또한 어머니는 파리의 퀴리 부인 밑에서 일할 예정이었으나 애석하게도 그녀가 일을 시작하기 전에 대화학자가 세상을 떠났다.

슈바르츠의 부모는 헝가리 태생이었으나 나치 지배 아래 있던 유럽에서 반유태인 감정이 고조되자 1940년 유럽을 탈출해 미국으로 이주하였다. 슈바르츠는 매사추세츠주의 노스애덤스에서 1941년에 태어났다.

그는 하버드대학교의 수학과에 입학했으나 전과하여 1962년에 물리학과를 졸업하였다. "나는 수학에 대해 실망하기 시작하였다"라고 그는 회고하고 있다. "수학이 재미는 있었지만 솔직히 나는 요점이 어디 있는지 모르겠다. 자연이 제기한 물음에 답하려고 애쓰는 것이 나에게 무엇보다도 관심 있는 일이었고 또한 매우 만족스러웠다."[14)]

하버드대학교를 졸업한 후 그는 버클리에 있는 캘리포니아주립대학

---

14) J. 슈바르츠와의 전화 인터뷰.

교 대학원에 진학하였다. "이곳은 당시 이론물리학의 중심지였다"라고 그는 즐겁게 회상하고 있다.

S-행렬이론이 절정을 이루고 있었으며, 그와 프린스턴대학의 D. 그로스(D. Gross)는 G. 추 교수 밑에서 연구를 했다. 나중에 유명하게 된 사람으로 버클리에 그 당시 연구원이었던 와인버그와 글래쇼가 있었다. "와인버그가 방으로 들어오는데 그의 몸 둘레에 오로라가 보였다. 왜냐하면 그는 중요한 사람이었기 때문에"[15]라고 슈바르츠는 회상하고 있다.

1966년에 버클리에서 박사학위를 받은 슈바르츠는 프린스턴대학교로 옮겨가 파리에서 온 젊은 프랑스 물리학자인 느뵈 및 셰르크와 함께 연구했다.

슈바르츠는 이들 두 프랑스 학자들과 함께 초끈이론에 관한 일련의 독창적인 논문들을 발표하였다. 1971년에 느뵈와 슈바르츠는 베네치아노와 스즈키에 의해 제안된 베타 함수에 근본적인 결함이 있다는 것을 알아냈다. 그들의 이론은 자연에 존재하는 '회전'하는 입자들을 전혀 다룰 수 없다는 점이었다.

모든 물체들은 '스핀'을 가지고 있다. 은하계(한 번 회전하는 데 수백만 년 정도 걸리는 것도 있다)로부터 소립자(1초에 수백만 회를 돌 수 있다)에 이르기까지 모두 '스핀' 또는 각운동량을 가지고 있다. 팽이같이 잘 알려진 물체는 어떤 속도로도 회전할 수 있다. 예를 들면 전축은 다이얼

---

15) 역시 전화 인터뷰.

을 조정해 1분에 33⅓바퀴나 45바퀴를 회전할 수 있다. 그러나 양자의 세계에서는 전자의 스핀은 어떤 양의 값도 가질 수 있다. 광자라고 부르는 띄엄띄엄한 에너지 덩어리로만 가능한 빛처럼 소립자들도 어떤 일정한 각운동량만을 가지고 회전할 수 있다.

실제로 양자역학은 우주에 존재하는 모든 입자들을 두 종류, 즉 보스 입자와 페르미 입자로 분류한다.

페르미 입자의 보기로서 바로 여러분의 몸을 살펴보자. 여러분의 몸 속에 있는 원자들을 구성하고 있는 전자와 양성자는 모두 페르미 입자들이다. 벽과 하늘을 포함해 여러분 둘레에 보이는 모든 것들은 페르미 입자들로 이루어져 있다. 이것들은 플랑크 상수를 기본단위로 하여 1/2, 3/2, 5/2 등의 반정수 스핀을 갖는다. 페르미 입자라고 부르는 이름은 물리학자인 E. 페르미를 기리기 위해 붙여진 것이다.

보스 입자의 보기로서 여러분이 외계로 벗어나려는 것을 막아주며 여러분을 지구 위에 단단히 붙어 있게 하는 중력을 살펴보자. 또는 빛 자체를 살펴봐도 좋다. 보스 입자가 없다면 우주는 완전히 깜깜할 것이며 별들을 서로 묶어주고 있는 어떤 중력도 없을 것이다. 보스 입자는 0, 1, 2 등의 정수 스핀을 갖고 있다. 보스 입자란 이름은 인도 물리학자인 S. 보스(S. Bose)를 기리기 위해 붙여졌다.

지금은 베네치아노-스즈키의 베타 함수의 근간을 다루고 있는 난부의 끈이론이 단지 보스꼴 끈이론이라는 것이 밝혀졌다. 느뵈, 슈바르츠 및 라몬드는 보스꼴의 끈에 페르미꼴의 끈을 도입해 끈이론을 완성하였다. 즉, 약간의

| 페르미 입자 | 스핀 | 보스 입자 | 스핀 |
|---|---|---|---|
| 전자 | 1/2 | 광자 | 1 |
| 중성자 | 1/2 | 중력자 | 2 |
| 양성자 | 1/2 | W-입자 | 1 |
| 뉴트리노 | 1/2 | π 중간자 | 0 |
| 쿼크 | 1/2 | | |

입자의 스핀은 양자화되어 있으며 플랑크 상수를 $2\pi$로 나눈 값을 기본단위로 해서 측정되는데, 이 값은 매우 작은 값을 갖는다. 예를 들면 전자는 스핀이 $\frac{1}{2}\times\frac{h}{2\pi}$ 이고, 광자는 스핀이 $1\times\frac{h}{2\pi}$ 이다.

수정을 통한 느뵈-슈바르츠-라몬드 이론이 오늘날의 초끈이론이 되었다.[16)]

---

16) 전문적으로 말해서 느뵈-슈바르츠-라몬드 모델은 최초로 제안되었을 때는 너무 많은 입자들을 포함하고 있었기 때문에 완전히 초대칭성을 갖지는 않았다. 제르베와 사키타는 1971년에 느뵈-슈바르츠-라몬드 모델이 시공을 움직이는 끈이 지나가는 3차원 면 위에서 2차원 초대칭성을 갖는다는 것을 증명했다. 그러나 이것은 진짜 10차원 시공에서의 초대칭성은 아니었다.
1977년에 F. 글리오치, J. 셰르크 및 D. 올리브는, 이론의 한 부분[「우(偶)의 G패리티 부분」]을 이용하면, 이 모델이 진짜 10차원에서의 초대칭성을 갖는다는 것을 예측했다. 그들은 강력하나 불명료한 수학적 항등식[K. G. J. 야코비(K. G. J. Jacobi)이 이것을 처음으로 제시했던 것은 1829년이었다!]을 써서 이처럼 재단(裁斷)하면 보스 입자 부분과 페르미 입자 부분이 같은 수의 입자들을 갖는다는 것을 보였다. 이 추측은 1980년에 M. 그린과 J. 슈바르츠에 의해 최종적으로 증명되었다. 1983년에 최초의 양자화된 초끈 방정식을 발견했다. 이것이 공식적인 초끈이론의 탄생이라고 말해지고 있다.

느뵈-슈바르츠-라몬드 이론은 베네치아노-스즈키의 옛날 S-행렬 보다도 훨씬 더 좋은 성질을 가진 S-행렬을 예언했지만 이 거의 기적에 가까운 성질의 기원은 완전히 불분명하였다. 이런 경이로운 '우연'이 있을 때마다 물리학자들은 그것에 대응하는 감춰진 대칭성이 있을 것이라고 추측해왔다.

1971년에 뉴욕시립대의 사키타와 파리사범대학의 J. L. 제르베(J. L. Gervais)가 드디어 이 수수께끼에 대한 부분적인 해답을 찾았다.

이들은 느뵈-슈바르츠-라몬드 이론이 실제로 이론의 놀랄 만한 성질에 대응하는 감춰진 대칭성을 가지고 있다는 것을 보였다. 이것이 초대칭 이론의 시작이었다.

초대칭성은 두 명의 소련 물리학자인 Yu. A. 골판트(Yu. A. Gol'fand)과 E. P. 리히트만(E. P. Likhtman)에 의해서도 동시에 제안되었지만 그 당시 이들의 연구는 서방 측에는 알려지지 않았다.

제르베와 사키타가 발견했던 초대칭성은 지금까지 발견된 가장 기묘한 대칭성이었다. 보스 입자를 페르미 입자로 회전시킬 수 있는 대칭성이 처음으로 창조되었던 것이다. 그 결과 이것은 우주에 존재하는 모든 보스 입자들이 페르미 입자를 짝으로 가지고 있다는 것을 뜻하는 것이었다.

그러나 이들의 대칭성은 단지 2차원의 대칭성에 불과했기 때문에 아직 완전하지 못했다. 이 이론이 2차원적이라는 것은 1차원의 끈이 운동할 때 이 끈이 2차원의 면, 즉 띠를 휩쓸고 지나가기 때문이다.

이 새로운 초끈이론과 페르미 입자를 보스 입자로 바꾸는 완전히 새로운 대칭성의 발견에 의해 흥분이 고조되었다. 그러나 1970년대 중반까지는 이 이론이 거의 무시되었다.

### ◆ 엄격한 비판자

앞에서도 언급한 바와 같이 난부의 보스꼴 끈이론은 26차원에서만 성립되며 느뵈-슈바르츠-라몬드의 초끈이론은 10차원에서만 성립된다는 발견이 이 모델을 1970년대 중반까지 잠들게 하였다. 단지 슈바르츠와 그의 동료인 그린 두 사람만이 물리학계에서 꾸준히 끈이론에 관한 연구를 계속했다. 10차원 시공간에서 연구를 하고 싶어하는 사람은 아무도 없었던 것 같다.

그러나 슈바르츠는 모든 어려움은 제거될 수 있을 것이라고 확신했다. 그는 이 무관심한 세월에 파인먼 교수와 나누었던 대화를 기억하고 있다. 그 당시 파인먼은 "이론을 제창할 때는 자기 스스로가 가장 엄격한 비판자가 되지 않으면 안 된다"라고 했다고 한다. "의심할 여지 없이 파인먼이 그런 말을 했다는 것은, 슈바르츠가 거의 사장되다시피 한 끈이론에 그의 중요한 연구 시기를 소모하지 말라는 친절한 충고였다"라고 슈바르츠는 회고하고 있다. 그러나 슈바르츠에게 있어서 이 충고는 역효과를 내었다. "파인먼은 이것을 알지 못했지만 나는 끈이론에 관한 연구에 있어서 매우 엄격하려고 애썼으며 또한 이 이론에 관한 어떤 단점도 발견할 수 없었다."[17]

이 이론의 발전은 무관심했던 그 시기에 엎친 데 덮친 격으로 셰르크의 뜻밖의 죽음으로 인해 더욱 어려움을 겪었다.

가쿠는 1970년에 셰르크를 처음 만났다고 회고한다. 그때 셰르크는 막 프린스턴을 떠나 버클리를 방문하고 있을 때였다. 이들은 실제로 함께 공동연구를 수행하여 다중 올가미 도식의 특이성구조(特異性構造)에 대한 첫 번째 논문을 발표하였다.[18] 셰르크는 변덕스럽기는 하지만 온화한 성격의 소유자로 당시 샌프란시스코의 하이트-애쉬베리 지역과 버클리의 텔레그래프 애버뉴에서 꽃피웠던 반전 반체제 문화에도 정통했던 것 같다. 버클리를 떠난 후, 그는 아주 이례적인 경로를 거쳐 프랑스로 돌아갔다. 먼저 그는 일본으로 건너가 선사(禪寺)에서 수 주간 머물면서 수행승(修行僧)과 함께 금욕적인 참선(參禪) 수행을 했다. 그러고는 시베리아 횡단 철도를 타고 프랑스로 돌아갔다.

이 사이에 그는 고치기 힘든 당뇨병이 발병했다. 산적한 개인적인 문제뿐만 아니라 이 발병 때문에 그는 1980년에 자살했다.

---

17) J. 슈바르츠와의 전화 인터뷰.

18) Michio Kaku and Joel Scherk, "Divergence of the Two Loop Veneziano Amplitude," *Physical Review*(1971): 430, 2000.

## ♦ 초중력이론의 번창

비록 끈이론이 급속히 무관심하게 되었지만 몇몇 물리학자들은 초대칭성을 보통 점입자의 대칭성으로 살려내려고 애를 썼다. 페르미 입자를 보스 입자 또는 보스 입자를 페르미 입자로 바꾸는 이 대칭성은 포기하기에는 아주 좋은 대칭성이었다.

제르베와 사키타의 연구에 힘입어 1974년에 B. 주미노(B. Zumino)와 J. 베스(J. Wess)가 이 새로운 대칭성을 끈이론으로부터 추출해 4차원에서 정의된 단순한 점입자이론(즉 전통적인 양자장론)으로 환원시키는 방법을 발표하였다. 이들은 스핀 0인 보스 입자와 스핀 1/2인 페르미 입자로 구성된 서로 상호작용하는 가장 단순한 장이론을 가지고, 이 이론이 초대칭성이론을 가질 수 있음을 보였다. 더욱 중요한 것은 실제로 초대칭성이 점입자에 관한 양자장론에 존재하는 많은 원하지 않는 발산량들을 상쇄시킨다는 것을 이들이 쉽고도 명백하게 밝혔던 것이다. 양-밀스 이론의 SU(N) 대칭성이 W-입자 이론의 모든 발산량을 상쇄시켰던 것과 똑같이 초대칭성이 점입자이론의 비록 전부는 아니지만 많은 발산량들을 상쇄시켰다.

다음 그림의 왼쪽에 있는 파인먼 도식을 살펴보자. 이 도식의 안쪽에 있는 올가미를 페르미 입자가 돌고 있으며 이 도식은 발산한다. 베스와 주미노는 생각지도 않았던 사실을 발견했다. 즉, 이 발산량이 안쪽에 있는 올가미를 보스 입자가 돌고 있는 오른쪽 도식의 발산량을 상쇄시킬 수

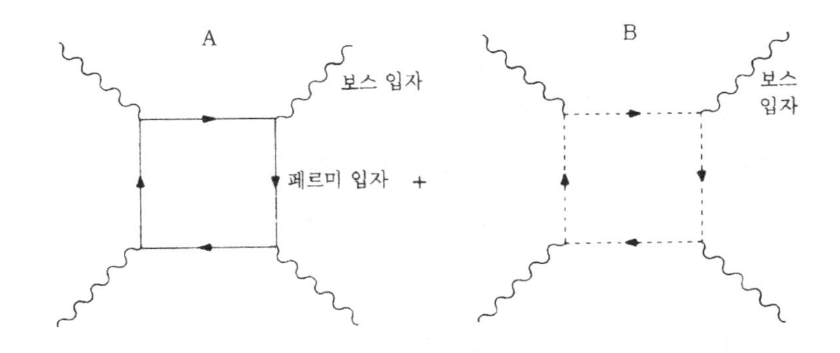


도식 A에서 안쪽의 실선은 페르미 입자를 나타낸다. 도식 A의 발산량은 보스 입자(물결선으로 나타내고 있다)를 가진 도식 B의 발산량과 상쇄된다. 따라서 두 도식의 합은 유한한 값을 갖는다.

있다는 사실이었다.

바꿔 말해서 왼쪽 올가미의 발산량은 오른쪽 올가미의 발산량을 우아하게 상쇄시켜 유한한 결과를 준다. 여기서 발산량을 없애 주는 대칭성의 위력을 알 수 있는 것이다.

한편 대칭성은 물리학의 영역 밖의 문제를 해결하는 데에도 쓰일 수 있다. 보기를 들어 재단사가 아름다운 결혼 드레스를 만들고 있다고 생각해보자. 그리고 결혼식 바로 전에 재단사가 드레스가 좌우로 약간 불균형을 이루고 있는 것을 알았다고 하자. 이 재단사는 두 가지의 선택 가능성이 있다. 미친 듯이 가게로 황급히 되돌아가 본뜨던 종이들을 전부 모아 지루할 정도로 불균형을 이루고 있는 부분을 원형과 비교하고 그 부분을 조심스럽게 잘라 내거나, 또는 대칭성의 위력을 발휘해 단순히 결혼 드레스를 반으로 접은 뒤 양쪽을 비교하고 불균형한 부분을 잘라낼 수도 있다. 이처럼 대칭성은 좌우의 발산량을 상쇄시키며 원치 않는 부분을 따로 골라내는 데 쓰일 수 있다.

이것과 똑같이 초대칭성에 의해, 발산하는 파인먼 도식의 양쪽을 합쳐서 여분의 발산량도 없이 완벽하게 발산량들을 상쇄시킨다.

초대칭성을 점입자이론에 응용하는 것은 간단하기 때문에 1976년에 스토니브룩에 있는 뉴욕주립대학의 세 물리학자들이 아인슈타인의 고전 중력이론을 수정했다. 베스와 주미노의 성공을 기초로해서 이들은 중력자에 짝이 되는 페르미 입자를 더하여 새로운 이론을 제창해 '초중력이론(超重力理論)'이라고 불렀다.

초중력이론은 초끈이론의 작은 일부에 지나지 않지만(즉 끈의 길이를 영으로 택하면 점이 되기 때문에) 그 자체로도 흥미가 있는 이론이다. 어떤 의미에서는 아인슈타인의 중력이론과 초끈이론 사이의 중간역이라고도 볼 수 있다.

중력자는 스핀이 2이기 때문에 짝이 되는 '그래비티노(*gravitino*, 작은 중력이란 뜻이다)'는 스핀이 3/2이 되어야 한다.

초중력이론은 제창되었던 초기에는 꽤 혼란을 일으켰다. 왜냐하면 이 이론이 지난 60여 년 사이에 아인슈타인 방정식의 가장 단순하면서도 대단한 확장이었기 때문이다. 어떤 잡지는 반 니벤호이젠과 프리드먼이 중력의 법칙을 부정하고 일종의 반중력이론을 고안해낸 것처럼 공중을 날

고 있는 만화를 게재하기도 했다.[19)]

비록 초중력이론이 처음에 큰 기대를 걸게 했으나 이 이론으로 자연에 존재하는 네 가지 힘을 통일하는 데에는 명백히 어려운 문제가 있다는 것이 드러났다.

예를 들면, 이 이론은 너무 간단해 알려진 모든 입자들에게 적용할 수 없다. 모든 입자들을 기술할 수 있는 가장 작은 리 군은 SU(5)이다. 그런데 초중력이론이 가질 수 있는 최대 리 군은 O(8)으로 너무 작기 때문에 대통일이론에서 다루고 있는 모든 쿼크와 경입자들을 포함할 수 없다. 또한 최대 초중력이론도 쿼크와 경입자를 동시에 포함할 수가 없었다.

요약해보면 초중력이론이 크게 관심을 끌었으나 그 대칭성이 너무 작아서 발산량들을 모두 상쇄시키지도 못했고 또한 쿼크와 경입자들을 모두 포함하지도 못했다.

## ◆ 프린스턴 현악 사중주단

1970년대 말 물리학자들은 초중력이론이 초끈이론의 일부라는 것을

---

19) 초중력에 관한 또 다른 이론이 거의 동시에 CERN의 B. 주미노와 S. 데저(S. Deser)에 의해 발견되었다. 많은 입자들을 포함하는 보다 복잡한 초중력이론을 노스이스턴대학의 R. 아노위트(R. Arnowitt)와 P. 나스(P. Nath)가 스토니브룩 연구팀의 발표 이전에 제안했다는 것도 언급해둔다.

알게 되었다. 예를 들면, 가장 작은 닫힌 초끈을 쓰면 초끈이론으로부터 초중력이론이 도출된다. 그렇지만 초끈이론은 너무 수학적이기 때문에 현실적으로는 고려되지 않았다.

초끈이론에 관해 폭발적인 관심을 갖게 된 것은 이 이론에 어떤 이상량도 존재하지 않는다는 것을 그린과 슈바르츠가 1984년에 발견한 이후의 일이다. 그 후 전 세계의 물리학자들에게 사장되고 매장되었다고 생각되었던 초끈이론은 매우 빠르게 되살아나 오늘날에는 가장 강력한 양자장론으로 각광받게 되었다. 또한 그 당시 중력의 모든 발산량들을 상쇄시키기 위해 매우 큰 대칭군이 필요하게 되어 초끈이론에는 물리학자들이 지금까지 알고 있던 것 가운데 가장 큰 대칭군이 있다는 것이 명백해지기 시작했다.

프린스턴의 네 명의 물리학자인 D. 그로스(D. Gross), J. 하비(J. Harvey), E. 마르티네츠(E. Martinec) 및 R. 롬(R. Rohm)은 대칭군 E(8)×E(8)을 갖는 새로운 초끈이론을 발견했는데, 이것은 그린-슈바르츠의 초끈이론보다 훨씬 좋은 성질을 갖고 있었다. 프린스턴 그룹(후에 프린스턴 사중주단이라고 불림)은 E(8)×E(8) 끈이론이 초기의 모든 대통일이론과 전혀 모순되지 않으며 따라서 모든 알려진 실험적 관측 사실과 잘 일치한다는 것을 밝혔다. 그래서 오늘날 프린스턴의 초끈이론이 우주 이론의 가장 유력한 후보로 알려져 있다.[20]

---

20) 처음에 그린과 슈바르츠는 열린 끈과 닫힌 끈을 모두 포함하는 O(32) 리 군에 기초를 둔

E(8) 자체가 SU(5)보다도 훨씬 더 크기 때문에 이 이론은 알려진 모든 대통일이론을 모두 포함할 뿐만 아니라 지금까지 발견되지 않은 수천 개의 새로운 입자들을 예언하고 있다.

### ♦ 초수

초끈이론은 아마 지금까지 제창된 것 가운데 가장 이상한 이론이라고 할 수 있으며, 또한 그 기초가 되는 초대칭성 역시 비슷한 정도로 이상하게 보이고 있다.

아이러니컬하게도 초대칭성은 결코 자연계에서 관측되지 않고 지금까지 종이 위에서만 존재하고 있지만 그러나 이것은 매우 아름답고 강력한 이론적 도구로 대부분의 물리학자들은 언젠가는 초대칭성이 발견될 것이라고 믿고 있다.

그러나 초대칭성이 그렇게 아름다운 대칭성이라면 왜 빨리 발견되지

---

초끈이론을 제안했다. 그러나 비록 O(32) 초끈이론에 이상량은 없을지라도 이 이론은 알려진 소립자들의 실험적인 특성을 설명하기가 어려웠다. 이 이론에 필적하는 초끈이론이 프린스턴 연구팀에 의해 곧 제안되었다. 이것은 리 군 E(8)×E(8)에 기초하고 있으며 단지 닫힌 끈만 포함하고 있어 이런 실험상의 문제도 없었다. 따라서 자주 '헤테로틱' 끈이라고 부르는 이 프린스턴 초끈은 실험적으로 O(32) 끈보다 더 선호했다. 전문적으로 말해서 물리학자들이 현재 초끈이라고 부를 때 그들은 실제로 헤테로틱 초끈을 뜻하는 것이다.

않았는가? 왜 초끈이론의 발전을 필요로 했는가?

이것에는 인간사회의 기원과 손가락으로 수를 세는 방법까지 거슬러 올라가보면 매우 단순하지만 뿌리 깊은 원인이 있다.

수천 년 전 인류가 수를 세기 시작한 이때, 우리들은 숫자를 모양이 있는 실체와 대응되는 것으로 생각해왔다. 우리가 덧셈을 이해할 수 있었던 것은 다섯 마리의 양에 두 마리의 양을 더하면 일곱 마리의 양이 된다고 배웠기 때문이다. 사회가 점점 복잡하게 됨에 따라 보다 큰 수의 덧셈과 뺄셈의 법칙이 발명되지 않으면 안 되게 되었다. 세계 제국을 건설하고 수십 개의 나라를 지배했던 로마인은 세금을 받고 다른 나라와 무역을 하기 위해 덧셈이나 나눗셈에 관한 정교한 방법이 필요했다.

이렇게 해서 산수의 초기 법칙은 사고팔고 하는 상품을 세는 수단으로 발전되었다. 고대인들은 수를 어떤 순서로 더하거나 곱해도 좋다는 것을 발견했다. 예를 들면 2×3=3×2=6 된다는 것을 잘 알고 있다. 이런 관계가 맞다는 것은 손가락으로 꼽아서 수를 세어 그것이 맞다는 것을 증명할 수 있기 때문이다. 그러나 왜 숫자 사이에 존재하는 이 일반화된 관계를 대통일이론에게까지도 적용해야만 하는가?

오랫동안 초대칭성이 발견되지 않았던 이유는, 위와 같은 '상식적' 법칙을 따르지 않는 새로운 수의 집합을 만들어야만 했기 때문이다. 특히, 그라스만 수(Grassmann numbers)라고 불리는 $a \times b = -b \times a$인 새로운 숫자 체계의 발명이 필요했다. 이 여분의 마이너스 부호는 아무런 상관이 없을 것 같지만 이것을 이론물리학에 적용하면 넓은 범위에 걸쳐 영향을 준다.

이것은 예를 들면 $a \times a = -a \times a$를 뜻한다. 우변을 좌변으로 보내면 $2(a \times a) = 0$, 즉 $a \times a = 0$이 되기 때문에 이 법칙을 거부하는 사람도 있을지 모르겠다. 상식적으로는 이것은 $a = 0$을 뜻하기 때문이다. 그러나 그라스만 수에서는 그렇지 않다.

$a \times b = -b \times a$가 되는 '상수'체계를 구성할 수 있다. 이 체계는 수학적으로 자기 무모순적이며 완전히 만족되는 산수 체계라는 것을 증명할 수 있다. 이상한 숫자 체계의 뜻을 충분히 알려면 먼저 여러 번 눈을 깜박거린 후 그 일에 착수할 필요가 있다. 특히 이것은 우리가 지난 만 년 동안 사용해왔던 산수를 확장하지 않으면 안 되기 때문이다.

통일장이론의 역사에 있어서 모든 다른 발전처럼 초대칭성은 그 자체로 특별한 통일을 이루었다. 즉, 이것은 실수와 그라스만 수를 통일해 '초수(超數)'를 만들어낸다.

요약하면 초대칭성이 일찍이 발견되지 못했던 것의 한 이유는 그라스만 수를 사용해 자연을 탐구하려는 것에 대해 물리학자들이 무의식적으로 편견을 가지고 있었기 때문이다. 노르웨이의 대수학자인 S. 리는 모든 가능한 꼴의 군의 목록을 작성했으나 그라스만 수에 기초한 초대칭군은 완전히 빠뜨렸다. 물론 이런 추상 구조에는 물리적인 내용이 없지 않는가, 하고 반론하는 사람도 있을는지 모른다. 그러나 그라스만 수는 많은 구실을 한다. 한 보기로 그라스만 수는 페르미 입자를 기술하기 때문에 결국 사람의 몸은 그라스만 수로만 기술될 수 있는 입자로 이루어졌다는 것을 뜻한다.

### ♦ 태초의 초대칭성

초대칭성에 관해 가장 곤란한 것은 그 존재를 나타내는 실험적 증거가 무엇이든지 아무것도 없다는 것이다. 예를 들면, 만일 초대칭성이 우리의 도달 가능한 에너지 영역에서 물리적인 대칭성으로 존재한다면 스핀이 1/2인 전자는 스핀이 0인 중간자를 짝으로 가져야만 한다. 그러나 이것은 아직 실험적으로 입증되지 않고 있다. 초대칭성이 자주 '문제를 찾고 있는 해답'이라고 불리는 것도 놀랄 만한 것은 아니다. 왜냐하면 그 아름답고 정교함에도 불구하고 자연은 우리 인간의 실험 장치로 도달할 수 있는 에너지 범위 안에서는 이 대칭성을 완전히 무시하고 있는 것처럼 보이기 때문이다.

그러나 초대칭성의 제창자들은 당황하고 있지 않다. 낮은 에너지에서 초대칭성이 아직 발견되지 않고 있기 때문에 보다 큰 입자가속기를 만들어 양성자 속을 보다 깊이 조사해야만 한다고 이들은 주장한다. 이들에 따르면 문제는 초대칭성이 없는 것이 아니라 훨씬 큰 에너지 영역까지 연구할 수 있는 충분히 강력한 가속장치가 없다는 것이다.

원자 이하의 세계의 다른 여러 가지 의문뿐만 아니라 초대칭성을 발견하기 위하여 미국 정부는 순수과학의 역사상 가장 큰 가속장치인 초전도 전자석을 이용한 초대형 가속기(SSC)를 건설할 계획을 세워놓고 있다.

어떤 노벨상 수상자는 SSC는 "우리 인류가 지금까지 상상할 수도 없을 정도로 야심에 가득 찬 계획의 하나다"라고 했다.

## ♦ 안타이오스

피라미드 건설에 필적할 만한 이 가공할 만한 계획에 비하면 초기의 소립자 물리학자들의 실험은 실로 보잘것없는 것이었다.

1920년대의 물리학자들은 지금의 가속기 비용의 1퍼센트도 되지 않는 장치를 써서 우주선(우주에서 온 방사선으로 그 발생원은 아직 잘 모르고 있다)을 조사함에 의해 소립자 물리학을 연구했다.

역사적으로 우주선 실험은 사진건판을 실은 큰 풍선을 공중에 띄워 행했다. 대기권의 상층부에 풍선을 띄우고 그것을 회수해 필름을 현상하여 높은 에너지를 갖은 우주선이 남긴 가능한 비적을 유제(乳劑)를 써서 조사하는 데에 수개월씩 보내야 하는 지루한 일이었다. 물리학자들은 그들이 발견할 수 있는 것을 미리 알 수가 없었기 때문에 이 일은 뚜렷한 목표도 없는 더딘 일이었다. 즉, 이것은 실험물리학에 보물찾기 방법을 적용한 것이었다. 예를 들면, 유카와의 유명한 파이 중간자는 우주선에 의해 남겨진 비적을 조사함에 의해 처음으로 발견되었는데 이것도 수개월 동안 주의 깊은 연구를 한 결과였다.

게다가 무질서하게 날아오는 우주선의 비적을 분석하는 것은 우매한 짓이었다. 이들 우주선의 에너지는 예측할 수 없으며, 예측 불가능한 에너지를 갖는 우주선을 상대로 실험을 제어하는 것도 불가능했다.

그러나 이 모든 상황은 1930년대가 되면서 버클리의 캘리포니아대학의 E. 로렌스(E. Lawrence)가 만든 최초의 가속기인 사이클로트론의 발명으로 바뀌기 시작했다. 이 새로운 가속장치는 우주선과 똑같은 빔을 주문 생산식으로 만들 수 있다. 로렌스가 만들었던 최초의 사이클로트론은 지름이 겨우 수 인치밖에 안 되며 아주 약한 에너지 빔밖에 만들지 못했지만 이 분야는 수십 년 후에는 SSC로 꽃을 피우게 되었다.

이 발달은 수십만 년 동안이나 숲에서 식량을 구하기 위해 애써온 우리 인류의 진보와 비교될 정도이다. 옛날 인류의 선조는 미리 그들이 어떤 종류의 과일이나 사냥감을 얻게 될지 결코 몰랐었다. 이것은 괴롭고 무질서한 생활이었다. 경작하는 법을 익혀 곡물을 수확하기 시작하고 양이나 소를 기르게 되면서 하늘의 뜻과 무관하게 관리할 수 있는 식량원을 확보했을 때 큰 혁명이 일어났던 것은 당연한 일이다.

가속장치를 건설하는 목적은 네 가지의 기본적인 힘이 원래 하나였는가 하는 물음을 물리학자들이 탐험할 수 있게 하기 위한 것이다. 그 결과 SSC는 지금까지 만들어진 단일 장치로는 가장 값비쌀 뿐만 아니라 가장 큰 과학실험장치인 것이다.

SSC의 자기 코일은 6.6테슬라, 즉 지자기의 약 13만 배의 자기장을 낸다. 이런 강력한 자기장은 '초전도'라고 불리는 양자효과(절대영도 근처의 온도에서는 금속의 전기저항이 0으로 떨어진다)에 의해 만들어질 수 있다. 액체 헬륨으로 자석을 식혀 자석은 절대영도보다 조금 높은 4.35도로 유지된다.

가속장치 본체는 가속장치에서 발생되는 강렬한 방사선을 흡수하기 위해 지하에 건설되는데, 폭은 20피트(약 6미터) 길이는 200마일(약

320킬로미터) 정도인 좁은 원형 터널 속에 설치된다. 이 터널의 안쪽에는 입자의 진로를 휘게 해 입자를 이 링을 따라 돌 수 있게 하기 위한 강력한 자석을 늘어놓을 것이다.

SSC의 핵심 부분은 터널을 따라서 연결된 두 개의 독립된 지름이 2피트(약 60센티미터)인 관으로 이루어져 있다. 이 두 관속을 두 개의 양성자 빔이 서로 반대 방향으로 운동하면서 빔 경로를 따라 설치되어 있는 전극에 의해 큰 에너지까지 가속된다. 빔은 작동 15분 이내에 가속되어 관을 300만 회 회전 후 절대속도인 빛의 속도에 가까운 속도에 도달한다.

두 양성자 빔은 반대 방향으로 돌다가 전자기 문이 열리면 이 두 빔이 정면충돌을 하여 빅뱅 이후 보지 못했던 고온 등 기타 상황을 만들어 낸다. 예를 들면, 이 충돌로 40조 전자볼트인 에너지를 발생하게 된다.

말할 것도 없이 많은 비용이 드는 이 거대 가속장치가 건설되는 주는 정치적으로 큰 이득을 얻게 된다. 이미 SSC가 가져올 고용, 건설공사 및 주택건설 등과 같은 경제적, 정치적인 공백을 인식하고 미국의 자치주들이 SSC의 유치에 열을 올리고 있다. 예를 들면, 일리노이주는 SSC를 페르미국립가속기연구소가 가까이 있어 유능한 과학자들이 모두 모여 있는 시카고 근처에 설립되어야 한다고 주장하고 있다. 실제로 일리노이 주지사인 J. 톰슨(J. Thomson)은 모두 50만 달러를 들여 부지의 지질조사를 했으며 SSC 유치 캠페인을 하는 데 약 700만 달러를 쓸 뜻을 비추고 있다.

애리조나주는 키트 피크 천문대 근처의 장소를 제안하고 있다. 뉴멕시코주는 앨버커키 근처의 땅을 제의하고 있다. 유타주는 기술자를 채용해 그레이트솔트 사막의 조사를 실시하고 있다. 여기에 뒤질세라 텍사스주는 텍사스 땅을 기증하는 것뿐만 아니라 지하의 원형 터널 공사까지도 하겠다고 제안하고 있다(우여곡절 끝에 SSC는 1990년부터 텍사스주에 건설되고 있다). SSC의 적당한 건설 장소의 하나로 롱아일랜드에 있는 브룩헤이븐 국립연구소 근처가 있지만 롱아일랜드는 SSC를 건설하기에는 폭이 충분히 넓지 못하기 때문에 무리한 제안이다.

최종적으로 어디가 선정될지는 과학적인 이점뿐만 아니라 여러 가지 정치적인 협상과 보조금의 액수에 따라 결정되는데 이것이 처음 있는 일은 아니다. 1960년대 초 페르미 연구소의 2000억 전자볼트(200GeV) 가속장치가 논의되자 46개 주로부터 126가지의 제안이 제출되었다. *Physics Today*의 한 소식통에 따르면 일리노이주에 영광이 돌아간 것은 L. B. 존슨(L. B. Johnson) 대통령이 원했던 대외정책의 가부를 결정하는 투표와 맞바꾸어 자신의 주를 승리로 이끌었던 상원의원 E. M. 덕슨(E. M. Dirksen)의 정치수완[21] 때문이었다고 한다.

그런데 입자가속기 분야에서 미국과 경쟁할 수 있는 나라는 세계 어느 곳에도 없다. 각각 이런 계획을 세우기에는 힘에 부친 유럽 여러 나라들은 서로 힘을 모아 제네바 근교에 세른(CERN)을 건설했지만 SSC는 세른의 최대 가속장치보다 성능이 60배나 뛰어나다. 또한 UNK라고 불리

---

21) I. G., "SSC: Progress on Magnets, Uncertainty on Foreign Collaboration," *Physics Today*(March 1985): 63.

는 1993년에 가동 예정인 소련의 가속기보다도 약 7배나 성능이 좋다.

과학자들은 SSC를 통해 많은 새로운 이론적인 아이디어들을 시험하고 싶어 한다. 와인버그와 살람의 약한 전자기이론이 가장 쉽게 시험될 것이다. 과학자들은 발견하기 어려운 힉스 입자(양-밀스 이론의 W입자에 질량을 주기 위해 필요한 이론상의 입자)를 찾아내기를 바라고 있다.

그러나 장기적으로 과학자들이 바라고 있는 것은 대통일이론과 가능하다면 초끈이론을 이해할 수 있는 실마리를 찾는 것이다. 그렇지만 대통일이론이나 초끈이론이 힘의 통일을 이루기 위한 에너지는 SSC에서 얻을 수 있는 수준의 1,000조 배 이상이기 때문에 이들 두 이론에 대해서는 단지 희미한 빛 정도밖에 기대할 수가 없다.

SSC를 통해 곧 이 지구상에 있는 국가가 소립자 물리학의 영역을 탐색할 수 있는 사실상의 한계에 도달하게 되겠지만 이외에도 다른 수단이 없는 것은 아니다. 예를 들면, 미국은 현재 먼 은하계들의 중심부를 들여다봐 블랙홀과 빅뱅의 잔재를 조사할 수 있는 실험실을 인공위성에 탑재하여 발진시켜놓고 있다.

실제로 SSC로 도달할 수 없는 에너지 영역에 대해서는 천지창조의 '메아리'가 남아 있는 우주 자체를 '실험실'로 해서 여기로부터 자료를 모으지 않을 수 없다. 실험자료를 이론에 결부시키는 끝이 없는 과정은 어떤 이론에 있어서도 가장 중요하지만 특히 모든 알려진 힘을 통일한다고 주장하는 이론에 있어서는 더욱 그렇다. 물리학자 M. 골드하버(M. Goldhaber)는 그리스 신화를 인용해 다음과 같이 언급했다. "안타이오스는 인간 역사상 가장 힘센 장사로 어머니인 대지(大地)와 접촉하고 있는 한 무적이었다. 그러나 언젠가 대지와의 접촉이 끊어지자 힘을 잃어버려 패배하고 말았다. 물리학의 이론도 이와 같다. 위력을 발휘하기 위해서는 우주(대지)와 접촉하고 있지 않으면 안 된다."[22]

## ♦ 비판자에게 답한다

J. 슈윙거가 대통일이론에 대해 다음과 같이 말했다. "통일이 과학의 궁극적인 목적이라는 것은 진리이다. 그러나 지금 통일을 하지 않으면 안 되겠다는 것은 틀림없이 교만 그것의 단정(斷定)이다. 우리는 아직 도달해야 할 큰 에너지 장벽이 있다."[23] 비록 이 말은 대통일이론을 비판하는 뜻이었지만 SSC에서 얻을 수 있는 에너지보다도 훨씬 높은 곳에서 통일이 가능한 초끈이론에도 똑같이 적용할 수 있다.

현재의 초끈이론이 우주 법칙을 기술하는 이해 가능한 체계를 제공하는 유일한 희망이지만 초끈이론에 대한 비판자들은 SSC도 $10^{19}$기가전자볼트(GeV)인 플랑크 스케일에서 어떤 일이 벌어질지 충분히 테스트하기에는 그렇게 크지 않다는 것을 지적하고 있다.

---

22) Crease and Mann, *The Atlantic Monthly*, 91.
23) 같은 책, 91~92.

그렇지만 슈바르츠는 이에 개의치 않고 있다. "확실히 이것이 정확히 $10^{19}$기가전자볼트에서의 물리학의 이론은 아니다. 그러나 이 이론이 맞다면 이것은 모든 스케일에서의 물리학과 관련된 이론이며, 우리에게 필요한 것은 낮은 에너지 영역에서의 결과를 도출할 수 있는 수학적인 도구인 것이다."[24] 바꿔 말하면 문제는 SSC보다 더 큰 가속장치를 만들 수 없는 우리의 역부족은 아니며 10차원 우주가 어떻게 해서 4차원 우주로 되는가와 관련된 수학적인 이해가 너무 원시적이라는 데 있다는 것이다.

그러므로 초끈이론이 옳다는 것을 증명하는 데 장애물은, 자금의 부족은 아니며 물리학자들이 태초에 존재하던 대칭성이 어떻게 깨어지는가를 칠판 위에서 계산할 수 있는 능력이 없다는 것이다.

따라서 우리의 다음 연구 단계는 최대의 '실험실(태초의 우주)'을 조사함으로써 초대칭성을 탐구하는 것이다.

---

24) J. 슈바르츠와 전화 인터뷰.

# III

# 4차원을 넘어서

## 8. 대폭발 이전

모든 사회는 제각기 시간의 기원에 대한 신화를 가지고 있다.

이들 중 많은 신화들은 격렬했던 우주의 기원에 대해 언급하고 있다. 고대 북구신화는 우주의 기원과 파멸을 그리고 있는데 그것은 거인들, 신들 및 난쟁이들 사이에 벌어지는, 결국은 만물의 절멸과 신들의 죽음으로 이어지고 마는 거대한 전쟁에 대한 이야기들로 이루어져 있다.

그러나 이제 과학자들은 처음으로 신화가 아닌 물리학에 기초를 둔 우주 창생에 대한 의미 있는 언급을 할 수 있게 되었다. 특히 양자역학과 상대성이론 사이의 상호작용은 우주론(우주의 기원과 그 구조에 관한 연구)에서 흥미롭게 되었는데, 그것은 아인슈타인도 결코 꿈꾸지 못했던 놀라우리만큼 새로운 전망을 열어주었다.

그러나 초끈이론의 가장 극적인 결론은 대폭발 이전에, 다시 말해 시간 자체가 시작될 때 어떤 일이 일어났을까, 하는 의문에 대해 실제로 올바른 대답을 할 수 있으리라는 것이다. 초끈이론에서는 대폭발이란 10차원 우주에서 4차원 우주로의 붕괴라는 훨씬 더 격렬한 폭발이다.

## ♦ 대폭발

대폭발이론의 기원은 아인슈타인이 1917년에 저질렀던 실수로까지 거슬러 올라갈 수 있는데, 뒷날 그는 이 실수를 일컬어 '일생 최대의 실수'라고 불렀다.

그의 유명한 일반상대성이론에 관한 논문을 쓴 2년 뒤인 1917년 그는 아주 걱정스런 결과를 발견했다. 그는 항상 그 자신의 방정식을 풀었는데 그가 발견한 것은 우주가 팽창하고 있다는 것이었다. 그 시대에는 우주란 영원하고 또 정적이라는 것이 상식이었다. 심지어는 우리 은하계 너머에 다른 은하가 있으리라는 아이디어조차도 공상과학소설에 가까운 이설로 취급되었다. 매우 유감스럽게도 아인슈타인은 그의 방정식이 상식에 정면으로 반한다는 것을 발견한 것이다.

그의 방정식이 틀렸던 것일까?

그의 팽창하는 우주라는 아이디어는 기존의 우주 이론과 너무나 상이했기 때문에 그는 그의 방정식이 어딘가 불완전하다는 결론을 내릴 수밖에 없었다. 결국 아인슈타인은 우주가 팽창하려는 경향을 상쇄하는 별도의 인자를 그의 방정식에 추가했다. 300년간을 견디어 뉴턴의 물리학을 뒤엎은 위대한 혁명가인 아인슈타인조차도 그 자신의 방정식을 확신하지 못하고 자신을 속여야만 했던 것이다.

1922년 소련의 물리학자인 A. 프리드먼(A. Friedman)이 아마도 아인슈타인 방정식의 가장 간단한 풀이를 구했는데 그것은 팽창하는 우주에 대한 매우 우아한 기술을 보여주었다. 그러나 그것들이 그 시대의 상식과 상치된다는 이유로 아인슈타인의 풀이와 마찬가지로 아무도 그것을 진지하게 다루려 하지 않았다.

마침내 1929년 놀랄 만한 사건이 벌어졌다.

미국의 천문학자인 E. 허블(E. Hubble)이 윌슨산의 100인치 망원경을 이용한 수년간 각고의 작업 끝에 그의 극적인 발견을 보고한 것이다. "우리 은하계 너머의 공간에도 수백만 개의 은하가 있을 뿐만 아니라 그것들은 지구로부터 놀라운 속도로 멀어져가고 있다."

아인슈타인과 프리드먼은 처음부터 옳았던 것이다.

2년 후인 1931년, 아인슈타인은 마침내 이 별도의 인자를 빼고 15년 전 스스로 단념했던 팽창하는 우주라는 그의 오랜 이론을 다시 도입했다.

허블은 지구로부터 먼 은하일수록 더 빠른 속도로 지구로부터 멀어져 간다는 사실을 발견했다. 이들 은하의 엄청난 속도를 측정하기 위해 과학자들은 도플러 효과에 의지한다. 도플러 효과에 의하면 다가오는 물체에서 방출되는 빛이나 음파는 멀어져가는 물체에서 방출되는 빛이나 음파보다 더 높은 주파수를 갖는다. 이 효과로 빨리 달리는 기차가 윙 소리를 내며 지나갈 때 기차에서 나는 소리가 그처럼 극적으로 들리는 이유를 설명할 수 있다.

허블은 이 도플러 효과가 멀리 떨어진 별에서 방출되는 빛에서 적색편이(赤色偏移)의 형태로 일어난다는 사실을 밝혔다. 만약 별이 지구로 다가오고 있다면 청색편이(青色偏移)가 일어나야 하지만 그러한 현상은 실험적으로 관측되지 않았다.

팽창하는 우주는 종종 부푸는 풍선에 비유되곤 한다. 플라스틱 반점이 표면에 붙어 있는 풍선을 생각해보자. 풍선이 팽창하면 반점들(은하들)은 서로 멀어질 것이다. 우리는 풍선의 표면에 살고 있고 따라서 모든 별들이 우리로부터 멀어지고 있는 것처럼 보이는 것이다.

팽창하는 우주는 또한 수년간 천문학자들을 속 썩여온 역설을 설명한다. "왜 밤하늘은 어두운가?" 1826년 H. 올베르스(H. Olbers)는 우주에 무한개의 별이 있다면 그들이 방출하는 빛으로 밤하늘은 가득 차야 한다는 논문을 썼다. 우리는 어둠을 보는 대신 무한개의 별에서 방출되는 눈부신 빛으로 가득한 하늘을 봐야만 할 것이다. 어디서 밤하늘을 바라보건 눈부신 광채에 눈이 멀고 말 것이다. 그러나 무한한 우주에서도 에너지는 적색편이에 의해 상실되고 또한 별은 유한한 생명을 갖게 되기 때문에 밤하늘 때문에 눈이 머는 일은 없는 것이다.

비록 팽창하는 우주가 실험적으로 확증되긴 했지만 아인슈타인 이론으로는 빅뱅이 어떻게 일어났는지, 또 빅뱅 이전엔 어떤 일이 벌어졌었는지에 대해선 알아낼 수가 없다.

### ♦ 대통일이론으로 본 초기우주

요즘 끈이론가들에게 있어서 우주론 연구의 주된 테마는 양자적인 대칭 깨짐을 초기우주 연구에 이용해보려는 것이다. 오늘날의 우리 우주는 서로 상이한 네 개의 힘이 존재하는 아주 비대칭적인 상태이다. 그러나 이제 우리는 그 이유가 우리 우주가 너무 늙었기 때문이란 사실을 알고 있다.

태초에 우리 우주의 온도는 엄청나게 높았고 우주는 완벽하게 대칭인 상태였다. 모든 힘은 하나의 힘으로 통일된 상태였다. 그러나 우주가 폭발하고 나서 급속히 냉각되면서 네 개의 힘이 차례로 갈라져 나왔고 결국 오늘날처럼 전혀 유사성이 없는 네 개의 힘으로 형성되었다.

이것은 대폭발이라는 사건을 어떠한 방식으로 대칭이 깨지는가에 관한 아이디어를 테스트할 수 있는 실험실로 이용할 수 있다는 것을 의미한다. 예를 들면, 시간을 거슬러 올라가면 결국 대통일이론에서의 대칭성이 아직 깨지지 않은 온도에 이르게 될 것이다. 다시 말해 이로부터 태초에 어떤 일이 벌어졌는가, 하는 우주의 가장 어려운 비밀 가운데 하나를 설명할 수 있는 것이다.

예를 들면, 우리는 태초에 중력과 약한 전자기력 및 강력이 모두 하나의 힘의 일부분이었다는 것을 안다.

우주가 탄생한 지 $10^{-43}$초가 지나고 그 크기가 $10^{-33}$센티미터였을 때 물질과 에너지는 아마도 깨지지 않은 초끈들로 이루어져 있었을 것이다. 초끈이론에서 기술되는 것처럼 양자중력은 우주에서 주된 힘이었다. 그러나 그 시절에 우주는 양성자 크기밖에 되지 못했으므로 불행하게도 아무도 그것을 목격하지 못했을 것이다.

그러나 $10^{32}$K라는 믿을 수 없으리만큼 높은 온도(우리 태양의 온도보다 1000조 배의 1조 배나 뜨거운 온도이다)에서 중력은 다른 대통일이론의 힘들로부터 갈라져 나왔다. 마치 증기로부터 물방울이 응결되듯 힘들이 분리되기 시작한 것이다.

그 당시 우주는 $10^{-35}$초당 2배의 크기로 부풀고 있었다. 우주의 온도가 차차 식어가면서 대통일이론의 힘이 분리되기 시작하며 강력이 약한 전자기력으로부터 떨어져 나왔다. 우주의 크기는 볼링공만 했지만 빠른 속도로 팽창하고 있었다.

우주의 생성 이후 $10^{-9}$초가 지나 우주의 온도가 $10^{15}$K되었을 때 약한 전자기력은 전자기력과 약력으로 깨졌다.

이 온도에서 비로소 네 개의 힘이 모두 서로 분리되었다. 우주는 자유 쿼크와 경입자 및 광자들의 스프와 같은 상태였다.

조금 뒤, 우주가 좀 더 식게 되자 쿼크들은 서로 결합해서 양성자와 중성자를 형성했다. 양-밀스 장은 전에 언급한 바 있는, 쿼크를 묶어 강입자를 형성하는 끈끈한 '글루(풀)'로 응축되었다. 마침내 이 같은 우주의 스프 상태에서의 쿼크들은 양성자와 중성자로 응축되고 드디어는 핵을 형성하게 되었다.

안정된 핵이 형성되기 시작한 것은 우주창생 후 3분이 지나서였다. 대폭발 후 30만 년이 지나서 첫 번째 원자가 탄생되었다. 온도는 3,000K로 떨어졌고 이 온도에서 수소 원자들은 상호 간의 충돌에 의해 다시 깨지지 않게 된다. 이때 우주는 마침내 투명해지게 된다. 다시 말해 흡수됨이 없이 빛이 투과하게 된 것이다. 이 이전에는 공간을 투과해 본다는 것은 불가능했다. 빛은 쉽게 흡수되어 망원경으로 먼 거리를 관측한다는 것은 불가능했다. 우리는 우주가 어둡고 투명하다고 생각하고 있지만 예전의 우주는 불투명한 짙은 안개와도 같은 상태였다.

대폭발 후, 100억 내지 200억 년이 지난 오늘날의 우주는 네 개의 힘이 전혀 상이하게, 매우 비대칭적으로 깨어져 있는 상태다. 최초의 불덩이의 온도는 이제 거의 0에 가까운 3K로 식었다.

따라서 우주가 식어감에 따라서 각기 힘들이 단계적으로 스스로 분리되게 되는 방식으로 전반적인 통일 방법을 기술하는 것이 가능하다. 중력이 제일 처음 깨져 나오고 그다음은 강력, 그리고 나선 약력이, 맨 끝으로 전자기력만이 깨지지 않은 채 남아 있다.

글래쇼는 대통일이론가들이 우주의 창생과 죽음을 보는 방식을 다음과 같이 요약했다. "물질은 대폭발 이후 $10^{-38}$초에 나타났고 지금부터 대략 $10^{40}$초 후에는 모두 사라지게 될 것이다."

### ◆ 대폭발의 메아리

집이나 실험실의 안락의자에 앉아 우리 인간이 지구나 우리은하를 깨뜨릴 만한 대격동의 온도와 사건에 대해 이렇게 구변 좋게 말할 수 있다는 것은 소름끼치는 일이다.

사실 물리학자인 와인버그는 우리 우주의 역사에 대해 『처음 3분간』(김용채 옮김, 전파과학사 현대과학신서 A49)에 관한 글 중에서 다음과 같이 솔직한 고백을 하고 있다. "나는 우리가 실제로 무엇에 관해 말하고 있는지 아는 듯 처음 3분간에 대한 글을 쓰고 있으면서도 어딘가 비현실적인 느낌이 드는 것을 부정할 수 없다."[1]

궁극적으로 초기우주에 대한 이러한 기술들은 아직까지는 단지 이론일 따름이다. 그러나 양자론과 상대성이론의 예언에 따라 창생의 세부사항이 얼마나 비현실적인가는 차치하고라도 그러한 사건들이 실제로 일어났다는 실험적 증거들이 쌓이고 있는 것 또한 사실이다.

특히 소련의 물리학자인 G. 가모(G. Gamow)는 1940년 대폭발이 실제로 일어났다는 것을 실험적으로 증명할 수 있으리라 예언했다. 그는 대폭발로부터 최초의 복사가 남아서 100 내지 200억 년 후엔, 그 온도가 아주 낮긴 하겠지만 그때까지 우주 주위를 맴돌고 있을 것이라고 주장했다. 그는 이러한 대폭발의 메아리는 우주에 균등히 분포되어 있어서 어디에서 보건 똑같이 보일 것이라고 예언했다. 그의 동료인 R. 앨퍼(R. Alpher)와 R. 허먼(R. Herman)은 1948년 우주의 불덩이는 이제 식어서 그 온도가 5K가 되리라는 계산을 하기도 했다.

1965년 이 대폭발 메아리 혹은 배경복사에 대한 가모-앨퍼-허먼의 예언에 대한 극적인 검증이 이루어졌다. 뉴저지주 홈델에 있는 벨 연구소

---

1) Heinz Pagels, *Perfect Symmetry*(New York: Simon&Schuster, 1986), 209.

에서 과학자들은 지구와 통신위성 사이의 메시지를 중계하는 홈델 혼 안테나라 불리는 거대한 무선 안테나를 설치했다. 놀랍게도 안테나에 관한 일을 하고 있던 과학자들인 A. 펜지어스(A. Penzias)와 R. 윌슨(R. Wilson)은 극초단파 영역에서 성가신 배경복사가 망원경에서 계속 감지되는 것을 발견했다. 안테나를 어디에 놓건 이 이상한 복사는 계속해서 감지되었다. 난처해진 과학자들은 모든 자료를 체크하고 그들의 장비를 청소했다(그들은 안테나에서 비둘기의 배설물을 닦아내기까지 했다). 그러나 이 이상한 복사는 계속 감지되었다.

마침내 지구로부터의 간섭을 막기 위해 실험 도구들을 제트기와 풍선으로 높은 고도로 띄웠지만 이상한 신호는 더 강해졌을 따름이었다. 과학자들이 복사의 강도와 주파수 사이의 관계를 그래프로 그렸을 때 그 곡선은 오래전에 가모와 그의 동료들이 예언했던 것과 유사했다. 관측된 온도인 3K는 애초에 예언된 우주불덩이의 온도에 놀라울만치 가까운 온도였다. 그들은 이 복사가 바로 예언되었던 배경복사임을 발견했던 것이다.

이 3K 배경복사는 우주가 대격동의 폭발로부터 시작되었다는 가장 결정적인 증거이다. 1978년 펜지어스와 윌슨에게 노벨 물리학상을 안겨준 이 훌륭한 검파 작업이 대폭발의 놀라운 확증이었다.

일반상대성이론과 초기우주의 호기심을 돋우는 성질을 연구하는 또 다른 방법은 블랙홀이라 불리는 무거운 죽은 별에 의한 시공의 왜곡을 검토하는 것이다.

## ♦ 블랙홀

밤하늘에 빛나는 별들은 정말 불가사의한 것이다. 젊은 연인들은 이들에게 소원을 빈다.

아이들은 반짝이는 별을 노래하고 선원들은 이것들을 사나운 바다에서 배의 안내자로 삼는다.

그러나 별이란 어떤 것인가?

아주 간단히 말하면 그것은 강력에 의해 저장된 에너지를 방출하는 거대한 용광로다. 별은 연료로 수소를 태우고 헬륨이라는 재를 만든다. 태양이나 다른 별들에서 수소와 다른 원소들이 타는 기본적인 방정식들은 1939년 H. 베테(H. Bethe)에 의해 연구되었는데 1967년에 이 연구로 노벨상을 받았다.

별이 안정된 상태로 존재할 수 있는 것은 그 내부의 핵폭발에 의해 별이 폭발하려는 경향과 중력 사이의 미묘한 균형에 기인한 것이다. 다시 말해 별이 존재할 수 있는 것은 팽창하려는 강력에 의해 발생되는 에너지와 수축하려는 중력 사이의 균형 때문이다.

이러한 미묘한 균형은 수십억 년이 지나 별의 핵연료(기본적으로 수소, 헬륨, 그리고 가벼운 원소들)가 모두 소모되면 깨어지게 된다. 핵연료가 모두 소모되면 중력이 우세하게 된다. 중력이 충분히 커지게 되면 별은 붕괴하면서 원자들을 뭉개어 중성자들로 이루어진 조밀한 공 모양의 중성자별이라 불리는 죽은 별이 된다.

중성자별은 매우 조밀해서 별 내부의 개개의 중성자들이 실제로 주위의 중성자들과 맞닿아 있을 정도이다. 따라서 중성자별은 어떤 원자 혹은 핵과 그 주위를 도는 전자 사이의 공간이 없는 아주 단단한 핵물질의 덩어리이다. 중성자별을 만들기 위해 필요한 어마어마한 압축을 상상해보려면 지구보다도 훨씬 큰 태양의 전체 질량을 맨해튼 크기로 압축한다는 생각을 해보면 된다.

중성자별은 공상과학소설의 산물이 아니다. 천문학자들은 지금까지 수많은 중성자별을 발견해왔다. 예를 들면, 1054년으로 거슬러 올라가 중국의 천문학자들은 대낮에도 보일 만한 거대한 알 수 없는 폭발을 하늘에서 관측한 바 있다. 오늘날 우리는 그것이 전체 은하보다도 더 많은 에너지를 방출하는 별의 대격동의 폭발인, 드물게 보이는 초신성(超新星)이었음을 안다.

그러나 만일 처음에 별이 충분한 질량을 가졌다면 (대략 우리 태양 질량의 몇 배 정도의) 중성자별은 그 자체로는 안정되지 못하고 중성자가 다른 중성자로 밀려 들어갈 만큼 중력이 크게 작용해서 결국 중성자별은 뭉개어져서 무한히 작은 점만한 크기로 된다. 이 점입자가 블랙홀이 다.

블랙홀이 가진 중력장의 바이스처럼 죄는 힘은 너무나 강해서 핵조차 깨지고 빛 자체도 빠져나오지 못한 채 별 주위를 돌게 될 정도이다. 이것은 죽은 별로부터 나오는 빛을 직접 볼 수는 없다는 것을 의미하며 따라서 구멍은 검게 보인다. 이것이 블랙홀이라는 이름을 갖게 된 이유이다. 산꼭대기에서 던져진 돌멩이가 그리는 궤도를 보여주는 유명한 뉴턴 도식을 다시 생각해보고 이제 그 돌을 블랙홀에 잡혀 돌고 있는 빛살로 바꾸어 생각해본다면 이해하는 데 도움이 될 것이다.

『이상한 나라의 앨리스』에 나오는 히죽히죽 웃는 고양이 체셔처럼 강한 중력의 결과인 시공의 왜곡이라는 미소만을 남기고 블랙홀은 우리의 시야에서 완전히 사라진다.

블랙홀에 의한 시공의 격심한 왜곡은 초기우주를 닮았다.

예를 들면, 시간은 블랙홀에 가까이 감에 따라 서서히 흐르게 된다. 이것은 누군가 블랙홀에 빠지게 되면 시간 속에서 얼어붙게 되기까지 점점 느려져서 느린 동작으로 중심까지 빠지는 데는 수천 년이나 걸리는 것처럼 보이게 되리라는 것을 의미한다. 중심부에 가까이 갈수록 시간은 더 느려진다. 사실 블랙홀의 중심부에서 시간은 아예 정지한다고 생각된다. 실제로 이것은 아마도 블랙홀의 중심에서는 일반상대성이론이 성립하지 않게 되며 일반상대성이론에 대한 양자론적 보정을 계산해야 할 때는 초끈이론을 사용하게 됨을 의미한다.

블랙홀은 1939년 오펜하이머와 그의 학생이었던 H. 스나이더(H. Snyder)에 의해 일반상대성이론의 결과로써 이론적으로 처음 예언되었다. 오펜하이머조차도 상상력의 한계를 넘는 일반상대성이론의 이 같은 놀라운 결과에 깜짝 놀랐지만 오늘날 정말 진지하게 고려할 만한 블랙홀의 후보가 떠오르고 있다.

가장 그럴듯한 후보는 6천 광년 정도 떨어져 있는 강한 엑스선 발광체인 백조좌 X-1이라는 별이다. 사실 중력 붕괴 말고는 백조좌 X-1과 같은 별의 엄청난 에너지 방출을 설명할 수 있는 다른 힘을 생각하긴 힘들다. 아마도 많은 수의 블랙홀들이 강한 복사와 중력장이 존재하는 불가사의한 영역인 은하 중심부에 운집해 있을 것이다. 하늘을 바라다보면 은하를 구성하는 수백만 개의 별들이 밤하늘을 가로질러 뿌연 띠처럼 보이는데 이것이 바로 은하수라 불리는 것이다. 빛나는 중심부는 보이지 않는데 그것은 먼지로 이루어진 구름으로 시야를 가리기 때문이다. 그러나 이웃한 은하의 사진에 잡힌 중심부는 빛나는 것을 볼 수 있다.

장차 블랙홀의 존재를 결정적으로 증명할 수 있게 된다면 과학자들은 이들 죽은 별로부터 얻어진 자료를 일반상대성이론의 중요한 국면들을 테스트하는 데 사용하게 될 것이다.

S. 호킹(S. Hawking)은 블랙홀의 양자역학적인 이해에 많은 공헌을 해온 물리학자 중의 한 사람인데 그는 엄청난 신체적 장애를 극복하고 상대성이론 분야의 거장이 되었다. 손과 다리, 입을 사용하지 못하는 그는 모든 계산을 머리로 한다.

### ◆ 양자우주론 학자 S. 호킹

어떤 사람들은 S. 호킹이야말로 아인슈타인의 계승자라고 단언한다. 어떤 의미에서는 그가 블랙홀의 역학의 보정을 계산하기 위해 양자역학을 사용하려 했다는 점에서 그는 더 진일보했다고 볼 수도 있다. 호킹은 블랙홀의 양자역학적인 효과를 고려함으로써 아인슈타인도 결코 예언하지 못했던 현상을 예언했다. 호킹은 블랙홀이 증발해서 아주 작은 블랙홀이 된다는 생각을 도입했는데, 그것은 다시 말해 얼마간의 빛은 하이젠베르크의 불확정성원리에 의해 어마어마한 블랙홀의 중력의 인력으로부터 탈출할 수 있다는 것이다. 불확정성원리에 따른다면 빛이 중력을 극복하고 날아갈 확률은 작긴 하지만 유한해서 블랙홀의 엄청난 인력을 이기고 새어 나가게 되는데, 결국 이러한 블랙홀으로부터의 에너지 유실은 궁극적으로 아주 작은 양성자 크기 정도의 블랙홀을 형성하게 된다는 것이다.

호킹의 과학에 대한 관심은 그가 아주 어렸을 때부터 발휘되었다. 런던 국립연구소의 의학자였던 그의 아버지는 어렸을 때 그에게 생물학을 가르쳤다. 호킹은 다음과 같이 회상한다. "난 항상 모든 것들이 어떻게 작용하는지 알고 싶었다. 15살 때쯤 초감각 지각(ESP)에 많은 관심을 가졌었다. 우리 그룹에선 주사위 실험을 하기도 했는데 그때 듀크대학에 있는 라인의 유명한 초감각 지각에 대한 실험을 했던 사람의 강의를 들었다. 그는 좋은 결과를 얻었을 땐 항상 실험이 잘못되었고 실험이 제대로 잘 되었을 땐 좋은 결과를 얻을 수 없었다고 했다. 그것은 나로 하여금 그 모두가 속임수라는 것을 확신하게 해주었다."[2)]

옥스퍼드대학 시절의 호킹은 재능이 있긴 했지만 앞선 위대한 과학자들을 분발시켜온 추진력이나 결단력이 결여된 다소 평범한 학생이었다.

---

2) Dennis Overbye, "Wizard of Time and Space," *Omni*(February 1979): 46.

그때 그의 인생의 행로를 바꿔놓은 비극이 급습했다. 케임브리지대학원 1학년이 되었을 때, 그는 말을 더듬기 시작하고 서서히 수족을 제대로 움직이지 못하게 되었다.

그는 루게릭병이라 불리는 무서운 질병에 걸렸다는 진단을 받았다. 이 병은 환자의 팔과 다리의 근육이 무력화되는 난치병이다. "이 병은 발병되자 급속히 진행되었다." 호킹은 또 다음과 같이 회상한다. "나는 몇 년 후엔 죽게 되리라 생각했기 때문에 무척 낙담했다. 추구할 만한 어떤 목적도 없는 것 같았다."[3)]

그러나 그가 생각을 바꾸게 된 동기는 J. 와일드(J. Wilde)와의 결혼이었다. 호킹은 이렇게 말한다. "결혼이 전환점이 되었다. 그것은 나로 하여금 삶에 집착하도록 해주었다. 제인의 도움이 없었다면 그 목적을 추구하지도 혹은 그렇게 할 의지도 가지지 못했을 것이다."[4)]

요즘 그들은 열일곱 살짜리와 열네 살 난 두 아이를 두고 있으며, 그 질병에 잘 적응하고 있다. 호킹은 이미 팔을 움직일 수 없게 되었기 때문에 수학 방정식을 읽을 수 있도록 페이지를 넘기는 특별히 고안된 기계장치를 가지고 있다. 몇몇 그의 조수들은 입 근육이 거의 마비됐기 때문에 느려진, 고통스럽게 들리는 그의 중얼거림을 이해할 수 있도록 특별히 훈련되어 있다. 그럼에도 불구하고 그는 수백의 뛰어난 과학자들 앞에서 전

---

3) 같은 책, 104.
4) 같은 책.

문적인 과학 강연을 해왔다. 전적으로 환자인 그는 전기 휠체어에 앉아 케임브리지대학 캠퍼스를 바쁘게 오가고 있다.

호킹의 책상은 세계 각지의 동료들로부터 보내져온 수학 논문들뿐만 아니라, 행복을 원하는 사람에서 그들의 허무맹랑한 아이디어를 설득하려는 괴짜에 이르기까지 각양각색의 사람들로부터 보내져온 팬레터로 어지럽혀져 있다. "유명해진다는 것은 정말 귀찮은 일이오"[5]라고 그는 신문기자에게 말한 적도 있다.

호킹은 다소 철학적으로 이렇게 말하기도 한다. "난 질병이 시작되기 이전보다 지금 더 행복하다. 병이 걸리기 전 난 인생이 무척 혐오스러웠다. 난 꽤 많이 술을 마셨고 난 아무 일도 하지 않고 있다고 생각하기도 했다. 누군가에게 가망성이 완전히 없어진다면 그는 그가 정말 가진 모든 것에 대해 감사하게 된다."[6]

일반상대성이론은 과학자들이 상례적으로 어려운 대수방정식으로 수백 페이지를 채우는 그런 분야다. 그러나 호킹은 이 모든 계산을 머리로 해내는 유례없는 물리학자다. 몇몇 계산은 학생들의 도움을 받기도 하지만 호킹은 (아인슈타인이나 파인먼 및 그 밖의 위대한 과학자들처럼) 핵심적인 물리 개념을 표현하는 그림을 먼저 생각한다. 수학은 그다음에 오는 것이다.

---

5) 같은 책.
6) 같은 책.

## ◆ 평평함의 불가사의

예전의 아인슈타인 방정식 구조에는 만족할 만한 해답이 없는 두 가지 중요한 문제가 있었다. 다행히도 양자역학의 적용으로 이 두 문제는 만족할 만한 해답을 얻을 수 있었다.

우리 우주에서 가장 어려운 문제 중에 하나는 하늘을 바라보면 그것이 평평하게 보인다는 것이다. 이것은 간과할 문제가 아닌데 아인슈타인 방정식에 의하면 우주는, 양이나 음의 값을 갖는 측정할 수 있을 만한 곡률을 가져야 하는 것이다.

두 번째 문제는 왜 우주가 그렇게 균일한가 하는 것이다. 우주는 우리가 어디서 보건 같은 밀도의 은하 분포를 보인다. 사실 어떤 방향으로 10억 광년을 떨어진 은하를 보고 또 다른 방향으로 10억 광년 떨어진 은하를 보더라도 우주는 똑같아 보인다. 이것은 이상한 결과인데 왜냐하면 빛보다 빠른 것은 아무것도 없기 때문이다. 어떻게 해서 이들 두 은하의 밀도에 관한 정보가 그토록 짧은 시간에 전달될 수 있는 것일까? 빛의 속도는 그것이 우리에게 얼마나 빠르게 느껴지건 간에 우주에서 그토록 먼 거리에 걸친 균일한 밀도를 설명하기엔 지나치게 느리다.

이 수수께끼에 대한 풀이는 MIT의 A. 구스(A. Guth)가 얻었으며 펜실베이니아대학의 P. 스타인하트(P. Steinhardt)와 모스크바대학의 소련 물리학자인 A. 린데(A. Linde)에 의해 개선되었다.

그들의 계산에 의하면 우주 창생 이후 $10^{-35}$초에서 $10^{-33}$초 사이에 우주는 지수함수적으로 팽창해서 그 반지름은 $10^{50}$배나 증가했다. 대폭발 직전에 일어난 이 팽창은 대폭발 자체보다도 더 빨랐다.

대폭발 이전에 이처럼 대단한 팽창이 있었다는 사실은 이들 두 수수께끼를 설명해준다. 먼저 우리 우주가 평평하게 보이는 것은 우주가 우리가 예상했던 것보다 $10^{50}$배나 더 크기 때문이다. 부푸는 풍선의 보기를 통해 유추해보자. 풍선이 갑자기 1조 배쯤 더 커진다면 풍선의 표면은 분명히 평평해 보일 것이다.

팽창 이론은 우주의 균일성도 설명해준다. 팽창이 시작될 무렵의 현재 우리가 볼 수 있는 우주의 영역은 전 우주 표면의 작은 알갱이에 불과했으므로 그 작은 알갱이가 고르게 섞이는 것은 가능한 일이었다. 팽창은 이 균일한 알갱이를 지금 우리가 볼 수 있는 우주만 한 크기로 불려놓은 것이다. 그때의 작은 알갱이가 지금은 우리 지구와 은하뿐 아니라 우리 망원경으로나 볼 수 있는 멀리 떨어진 은하까지 포함하고 있는 것이다.

## ♦ 우리 우주는 불안정한가?

우주의 크기가 알려진 것보다 $10^{50}$배나 더 클 가능성에 대해 놀라운 마음을 가지게 되지만 대통일이론과 초끈이론에 의하면 우리 우주의 파국적인 붕괴라는 놀랄 만한 또 다른 가능성이 아직도 남아 있다.

고대인들은 지구가 어떤 식으로 종말을 맞게 될 것인지 종종 사색하

곤 했는데 그들 생각으론 불이 아니면 얼음으로 종말을 맞게 되리라는 것이었다. 현대 천문학에 의하면 적당한 대답은 지구가 불 속에서 종말을 맞게 되리라는 것이다. 왜냐하면 우리 태양은 수소 연료가 다 소모되게 되면 사용치 않은 헬륨 연료를 쓰게 되고 그렇게 되면 엄청난 팽창을 하여 태양은 목성의 궤도만 한 적색거성으로 될 것이다. 이것은 결국, 우리 지구는 증발해버리고 우리들은 우리 태양의 대기 속에서 타버리게 된다는 것을 의미한다. 우리 몸을 구성하는 모든 원자들은 태양의 대기 속에서 산산조각이 나게 될 것이다. 그렇지만 이런 가능성 때문에 생명보험을 들려고 서두를 필요는 없다. 이러한 재앙은 앞으로 수십억 년이 지나야 닥치게 될 것이다.

더욱이 대통일이론과 초끈이론은 지구의 증발보다 더 큰 재앙을 예언하고 있다. 물리학자들은 물질은 항상 최저 에너지 상태(진공상태라 불리는)로 가려는 경향이 있다고 예언하고 있다. 예를 들면, 앞에서도 언급했듯이 강은 항상 내리막길로 흐르려고 한다. 그러나 강을 댐으로 막게 되면 상황은 바뀌게 되는데, 댐 뒤로 막혀 있는 물은 최저 에너지 상태가 아닌 거짓 진공상태에 있게 된다. 이것은 물이 댐을 부수고 댐 밑의 진짜 진공상태로 흐르려는 경향이 있지만 그러지 못한다는 것을 의미한다.

통상적으로 댐은 충분히 이러한 거짓 진공상태에 있는 물을 막아낸다. 하지만 양자역학적으로는 물이 양자도약을 해서 댐을 투과할 확률이 항상 존재한다. 불확정성원리에 따르면 물이 어디에 있는지 모르기 때문에 거기에 그것이 있으리라고는 거의 기대하기 어려운 지점(즉 댐 반대

쪽)에도 있게 될 확률이 존재하게 되는 것이다. 물리학자들은 물이 장벽을 통해 구멍을 뚫는다고 짐작한다.

이러한 생각은 우리를 혼란에 빠뜨린다.

우리의 전 우주가 이 같은 거짓 진공상태에 있을 수도 있다. 우리의 우주가 최저 에너지 상태에 있지 않다면 어떻게 되겠는가? 보다 낮은 에너지 상태의 다른 우주가 존재한다면 양자전이도 있을 수 있지 않겠는가?

이것은 정말 대단한 일이다.

새로운 진공상태에서는 물리학과 화학의 법칙들을 인식할 수 없을지도 모른다. 우리가 알고 있는 물질은 존재하지도 않을 것이며 물리학과 화학의 모든 법칙은 전적으로 새로운 것이 될 것이다.

물리학의 법칙은 불변한 것이라고들 말한다. 그러나 만일 우주가 보다 낮은 진공상태로 양자도약을 하게 된다면 우리가 알고 있는 법칙들은 알 수 없는 다른 법칙들로 변화하게 될 것이다.

이 같은 재난은 어떤 식으로 일어나게 될 것인가?

양자전이를 가시화하는 간단한 방법은 끓는 물을 생각해보는 것이다. 물은 데우는 즉시 끓는 것이 아니라 어떤 온도에 다다라서야 빠르게 팽창하는 거품을 형성하며 끓게 된다는 것을 유념하자. 이 거품들은 서로 붙어 합쳐지게 되며 증기를 형성하게 된다. 마찬가지로 보다 낮은 에너지 상태의 진공으로 양자도약이 일어나게 되면 우리 우주는 빛의 속도에 거의 가까운 속도로 팽창하는 거품을 형성하게 될 것이다(이것은 결국 지구에 있는 우리로서는 무엇이 우리를 치는지 알 수 없다는 걸 의미한다).

거품 안에서는 전혀 다른 물리학과 화학의 법칙이 지배하게 될 것이다. 천문학자들도 이 거품을 관측하지는 못하는데 그것은 거품의 엄청난 팽창 속도 때문이다. 이 거품이 지구를 강타하게 될 때 우리는 빨래를 하고 있을지도 모른다. 이때 갑자기 우리 몸속의 쿼크들은 분리되고 우리는 소립자의 플라즈마 상태로 녹아버리게 될 것이다.

그렇지만 이 같은 재난을 걱정할 필요는 없다. 결국 우린 그것을 예언할 수는 없는 노릇이고 또 그것을 변화시킨다는 것도 인간의 능력을 벗어난 것이다. 하지만 우리 우주는 지난 100 내지 200억 년 동안 비교적 안정된 상태에 있어 왔기 때문에 우리 우주가 최저 에너지 상태에 다다랐다고 결론을 내려도 좋을 것 같다. 물론 다른 우주의 가능성을 완전히 제거할 수는 없겠지만 말이다.

## ♦ 대폭발 이전

우리 전 우주가 불안정한 상태에 있을 수 있다는 아이디어에는 한 가지 다음과 같은 장점이 있다. 즉, 그러한 생각으로부터 출발해 대폭발 이전에 어떤 일이 벌어졌을까, 하는 의문에 대답하는 것이 가능하다는 것이다.

전에도 언급한 바 있듯이 초끈이론에 의하면 우주는 10차원에서 시작되었다. 그러나 이 10차원 우주는 아마 거짓 진공상태에 있었을 것이고 따라서 불안정한 상태에 있었을 것이다. 10차원 우주가 최저 에너지

상태에 있지 않다면 보다 낮은 에너지 상태로의 양자전이는 단지 시간문제이다.

이제 우리는 우주 팽창의 근원은 10차원 시공구조의 붕괴라는 훨씬 더 대단하고 폭발적인 과정에 있었다고 믿고 있다.

댐의 파열처럼 10차원 시공구조는 순식간에 폭발적으로 붕괴하여 우리가 살고 있는 4차원 우주와 6차원 우주로 갈라지게 되었다.

이 같은 격렬한 폭발은 팽창이 더욱 진행되기에 충분한 에너지를 생성시켰다. 대폭발은 그 이후에 일어났는데 이때 팽창 과정은 점점 느려져서 결국 전통적인 팽창 과정으로 전이하게 되었다.

이러한 관점에서 대폭발과 팽창하는 우주는 어떤 의미에서는 시공구조 자체의 거대한 붕괴의 잔해물에 불과한 것이다.

어떻게 하면 10차원 우주의 붕괴라는 우주적인 사건을 가시화할 수 있을까? 우주의 기원에 대한 수수께끼에 대한 보다 나은 물리적인 통찰을 얻기 위해 이제 고차원 시공으로 여행을 떠나기로 하자.

## 9. 다른 차원으로의 여행

1919년 아인슈타인이 자신의 새로운 이론인 일반상대성이론의 결과로부터 초래될 문제들에 대한 계산에 몰두해 있을 당시, 아직 세상엔 잘 알려져 있지 않은 쾨니히스베르크대학(옛 소련의 칼리닌그라드시에 있는)의 수학자 T. F. 칼루차(T. F. Kaluza)로부터 이상한 내용을 담은 편지 한 통을 받았다. 이 편지를 통해 칼루차는 맥스웰에 의해 밝혀진 빛에 대한 이론과 아인슈타인의 중력에 대한 새로운 이론을 결합한 통일 이론을 기술해낼 수 있는 기막힌 방법을 제시하였다. 즉, 3개의 공간차원과 1개의 시간차원을 갖는 4차원 세계상에 입각한 이론을 대신해서, 칼루차는 5차원에서의 중력이론을 생각했다. 이 새로운 차원은 또 하나의 공간차원으로 이를 이용하면 전자기력은 아인슈타인의 중력이론에 쉽게 흡수시킬 수 있다는 것이었다. 이에, 칼루차는 그동안 아인슈타인이 연구해왔던 문제에 결정적인 단서를 제공한 셈이었다. 그러나 수학자인 칼루차로서는 우주가 5차원 구조로 구성되어 있다는 사실을 입증할 만한 실험적 증거를 설득력 있게 보여줄 수가 없었다. 그렇다고 하더라도, 칼루차의 주장은 너무나도 간결한 모양새를 갖추고 있어서 그 안에는 어떠한 진실이 정말 숨어 있는 것처럼 보였다.

5차원 세계라는 생각은 그 자체로서도 이상한 방식의 발상이었으므로 아인슈타인은 그 제안의 발표를 2년이라는 긴 시간 동안 미뤄왔다. 그러나 아인슈타인 스스로는 이 이론의 수학적 구조에 충분히 매혹되어 거의 본능에 가까운 직감으로 그 제안이 옳다고 믿었다. 마침내, 칼루차의 논문을 프로이센아카데미(Prussian Academy)에 발표하도록 한 것은 1921년의 일이었다.

한편, 1919년 4월, 아인슈타인은 칼루차에게 다음과 같은 내용의 편지를 써 보냈다.

"5차원의 원통형 세계에 의해 통일 이론을 얻으리라고는 한 번도 생각해본 적이 없었습니다. …당신의 편지를 받아본 순간 나는 당신의 생각에 깊은 감명을 받았습니다."[7]

몇 주가 지난 후, 아인슈타인은 다시 이렇게 썼다.

"당신이 제안한 이론의 내부적 통일성은 매우 훌륭합니다."[8]

그러나 대부분의 다른 물리학자들은 5차원에 관한 칼루차의 생각을 매우 회의적으로 받아들였다. 그도 그럴 것이 이들은 아인슈타인의 4차원 세계를 이해하는 데도 충분히 골머리를 앓고 있었는데, 이번엔 또 5차원이라니! 더구나 칼루차의 이론은 해명해야 할 많은 문제가 있었다. 예컨대, 중력이론과 빛의 통일이 4차원의 현실적인 세계에서가 아니라,

---

7) Pais, "*Subtle Is the Lord*…" 330.
8) 같은 책.

5차원의 세계에서 이루어진다면 다섯 번째 공간차원의 정체는 무엇인가?

또 어떤 물리학자들에게 있어서는 이 새 이론물리적 내용이 결여된 속임수처럼 보였다. 그러나 아인슈타인을 포함한 몇몇 물리학자들은 이 이론이 매우 간결하고 산뜻한 일급(一級)의 통일 이론이 될 수 있으리라고 생각했다. 다만 문제가 되는 것은 그것이 무엇을 의미하는가 하는 것이었다.

실제로, 이 이론은 세계가 5차원으로 구성되어 있음을 제안한 것이었다. 예를 들면, 병 속에 가스를 담아 사방이 꽉 막힌 방에 놓아두면, 조만간 가스 분자들은 서로 충돌하여 모든 가능한 공간으로 퍼져 나갈 것이다. 따라서 이 가스 분자들은 단지 3차원 공간에 채워질 것은 뻔한 사실이다.

문제는 바로 여기서 시작된다. 즉, 칼루차가 주장한 다섯 번째 공간은 도대체 어디 있는 것인가? 아인슈타인은 칼루차의 방법이 너무도 훌륭하다고 느꼈기 때문에, 이미 알고 있던 세계로부터 얻을 수 있었던 가능한 모든 직관들이 통용되는 근거를 잃지는 않게 될 것이라고 생각했다. 비록 아무런 실험적 증거는 없다고 하더라도 이 이론의 '아름다움' 그 하나만으로도 아인슈타인에게 있어서는 진지하게 받아들일 수 있는 충분한 근거가 된다고 생각했던 것이다.

그러던 중, 마침내 1926년 스위스의 수학자 O. 클라인(O. Klein)이 그 문제에 대한 답을 찾게 되었다.

칼루차는 이미 이 다섯 번째의 차원은 원과 같이 '축소'되어 있기 때문에 다른 4개의 차원과 다르다는 점을 지적하였던 적이 있었다.

어째서 세계가 겉으로 보기에 4차원으로 보이는가를 설명하기 위하여 클라인은 이 원의 크기가 직접 관측할 수 없을 만큼 너무 작다고 제안했다.

다시 말하면, 방안에 차 있는 가스 분자들은 실제로 가능한 모든 공간 차원에서 찾을 수 있지만, 원형의 다섯 번째 차원보다는 이 가스 분자들의 크기가 더 커서 그 안으로는 스며들 수 없다는 것이었다. 이러한 점에서 가스 분자들은 5차원이 아닌 4차원만을 채운다는 것이었다.

또, 클라인은 이 다섯 번째 차원이 가질 수 있는 가능한 크기를 계산하여, 원자핵의 크기보다도 작은 약 $10^{-33}$센티미터 밖에 되지 않는 플랑크 단위 정도라는 것도 알았다.

이 다섯 번째 차원의 행방에 대한 클라인의 명쾌한 대답은 또 다른 많은 문제를 제기하였다. 예를 들면, 다른 차원은 무한히 (100억의 100억배) 커지는 데 비해 어째서 이 다섯 번째 차원만은 갑자기 조그만 원의 크기로 줄어들게 되었는가?

아인슈타인은 30여 년 동안, 소위 통일 이론으로서의 칼루차-클라인 이론으로부터 어떠한 의미를 얻기 위해 노력해왔다. 하지만 그는 이미 묘한 물음에 대한 답을 찾아낼 수가 없었다. 그는 남은 인생의 반을 두 가지 방향에서 연구하였다. 하나는 그동안 자신이 노력해왔던 전자기력의 기하화이다. 그것은 빛에 관한 힘을 간단한 시공구조의 왜곡으로 다루는 것이다. 이 방향으로는 수학이 점점 복잡해져버려 결국은 종국을 고했다. 또 다른 하나는 칼루차-클라인 이론으로 마치 그림같이 아름답기는 하지만 우리의 우주 모델로는 별 쓸모없는 것이었다.

그러나 이 이론의 성패는 다섯 번째 차원이 휘감겨져 있는 이유를 올바르게 설명해낼 수 있는가에 달려 있다.

물론 이러한 모든 것들은 순전히 억측이라고 할 수 있지만 아인슈타인은 단지 간결하고 우아한 아름다움 때문에 그것을 포기하지 않았다. 그는 이후로도 30여 년간 때때로 칼루차-클라인 이론을 연구했지만, 불행하게도 별다른 진전은 없었다.

### ♦ 풀이—양자의 끈

이후 대략 50여 년간, 대부분의 물리학자들은 칼루차-클라인의 생각을 그대로 보류해둔 상태를 유지하고 있었다. 단지 순수수학으로서의 별난 성질이 바탕을 이루고 있을 뿐이라고만 생각했다. 그러던 중 1970년대에 셰르크가 이 칼루차-클라인의 이론을 기억해내고, 이 문제를 해결할 수 있지 않을까 생각했다.

즉, 셰르크와 그의 동료 크레머(Cremmer)는 26 또는 10차원의 세계를 4차원의 세계로 줄이는 문제에 대한 풀이로써 이 칼루차-클라인 이론을 생각했던 것이다.

초끈을 연구하는 물리학자들은 칼루차-클라인 이론에 대해 한 가지 큰 이점을 알고 있었다. 왜 높은 차원이 축소되어 있어야 하는지에 관한 문제를 해결하기 위해 지난 십수 년간 발전되어온 양자역학의 위력을 충분히 이용할 수 있었다.

앞서 말한 바와 같이 양자역학이 대칭성 깨어짐이라는 현상을 허용한다는 것을 알았다. 늘 자연은 가장 낮은 에너지 상태를 지향한다. 비록 최초의 우주에는 대칭성이 존재했을지도 모르지만 높은 에너지 상태에 있기 때문에 '양자도약'을 통해 보다 낮은 에너지 상태로 옮겨갈 수가 있다.

이와 비슷하게, 10차원에서의 끈은 실제로 불안정하다고 믿어지며, 따라서 가장 낮은 에너지 상태에 있지 않다. 오늘날의 이론물리학자들은, 초끈 모델이 예측하는 가장 낮은 에너지 상태가 본래의 4차원 세계를 이루도록 나머지 6차원의 세계는 축소되어 있다는 사실을 증명하기 위하여 무척이나 애를 쓰고 있다.

그 결과 오늘날에는 최초의 10차원 우주는 실제로 가짜 진공상태, 즉 가장 낮은 에너지 상태가 아니라는 믿음이 지배적이다.[9] 비록 10차원

---

9) 전문적으로 말하면 매우 일반적인 물리학적인 전제 아래 6차원의 다양체는 '칼라비-야우 다양체'라는 수학적인 구조를 가지고 있다. 불행하게도 10차원 우주의 4차원 및 6차원 우주로의 붕괴의 직접적인 계산은 이 칼라비-야우 우주에 들어 있는 복소 수학 구조 때문에 복잡하다. 10차원 우주가 4차원 및 6차원 우주로 붕괴하는 이유를 완전히 설명하기 위해서는 최종적으로는 물리학자들이 비섭동론적 계산을 이 칼라비-야우 공간에 적용하지 않으면 안 될지도 모른다. 목표는 원래의 10차원 우주가 불안정해 칼라비-야우의 6차원 다양체와 4차원 민코프스키 다양체로 주어지는 보다 안정된 배열로 양자역학의 '터널 효과'에 의해 전이가 일어난다는 것을 보이는 것이다.

* 이런 칼라비-야우 공간의 위상구조에 의해 경입자와 쿼크가 적어도 세 가족이 존재해야 하는 문제도 어느 정도 해결될 수 있다는 것이 추측되고 있다.

세계가 불안정하고 4차원 세계로 양자도약을 한다는 사실을 아직까지는 어느 누구도 증명하지 못했다고 하더라도 물리학자들 사이에는 그 이론이 이러한 가능성을 충분히 허락할 만큼 풍부한 내용을 갖추고 있다는 점에서 꽤 낙관적으로 보고 있다. 물리학에 있어서 중요한 문제들을 해결해보려는 욕망을 갖고 있는 젊은 물리학자들에게 있어서, 초끈이론이 갖는 가장 큰 매력 중의 하나는 결과적으로 이 10차원 우주가 실제로 가짜 진공상태에 있어서 양자도약을 통해 우리에게 친숙한 4차원의 세계를 구성하고 있음을 보이는 것일 것이다.

### ♦ '사각형' 씨

보다 높은 차원으로의 여행이란, 공상과학소설에서 흔히 볼 수 있는 바와 같이 이상하기는 하지만 지구와 매우 흡사한 세계로의 여행과 비슷하다. 이러한 소설 속에서, 우리는 우리와 비슷해 보이지만 또 다른 예기치 못한 성질을 가진 사람들과 만나기도 한다. 이들 소설에서 볼 수 있는 공통된 오해는 공상과학소설 작가들의 상상력이 너무도 한정되어 있어서, 엄밀한 수학에 의해 밝혀진 보다 높은 차원 우주의 진정한 특징들을 잘 잡아내지 못한다는 사실에 기인하는 것 같다.

과학이란 정말로 공상과학보다 더 기묘하다. 높은 차원의 세계를 이해하기 위한 가장 쉬운 방법은 보다 낮은 차원의 세계를 공부함으로써 가능하다. 인기 있는 소설의 형태로 이러한 작업에 착수한 최초의 작가는 E. A. 애벗(E. A. Abbott)이다. 셰익스피어가 전공인 애벗은 1884년에 2차원에 사는 사람들의 기묘한 풍습을 묘사한 빅토리아 시대풍의 풍자소설인 『평평한 땅』을 썼다.

예를 들면, 책상의 표면과 같은 곳에서만 사는 평평한 땅의 사람들이 있다고 상상하자. 이 소설은 거만한 성격의 소유자, '사각형' 씨를 등장시켜 이야기식으로 전개하고 있다.

사각형 씨는 기하학도형의 사람들이 살고 있는 세계를 소개한다. 이 세계에서 여자들은 직선, 노동자와 군인은 삼각형, 전문가와 자신 같은 신사는 사각형, 그리고 귀족들은 오각형, 육각형, 팔각형 등으로 되어 있다.

사람들은 변이 많을수록 그의 사회적 지위가 높음을 알 수 있다. 어떤 귀족들은 매우 많은 변을 가지고 있어서 원에 가까우며 모든 계층에 있어서 원은 최고의 층이다.

상당한 사회적 지위를 가진 사람인 사각형 씨는 이 계층사회에서의 평온한 생활에 만족하며 살고 있다. 어느 날 스페이스랜드(3차원 세계)로부터 괴상한 사람이 사각형 씨 앞에 나타나 다른 차원의 신기함에 대해 소개한다.

예를 들면, 스페이스랜드 사람들은 그들이 평평한 땅의 사람들을 볼 때 이들의 몸속을 볼 수 있으며 또 즉시 이들의 내부 조직을 볼 수 있다

이는 원칙적으로 스페이스랜드 사람들은 이들의 피부를 자르지도 않고 외과수술을 할 수 있다는 것을 의미한다.

높은 차원의 사람들이 낮은 차원의 세계로 들어가면 어떤 일이 벌어질까? 스페이스랜드의 '구' 경(卿)이 평평한 땅에 왔을 때 사각형 씨는 단지 자신의 세계를 통과해 지나간 굉장히 큰 크기를 갖는 원밖에 볼 수 없다.

결코 사각형 씨는 '구' 경 전체를 볼 수 없으며, 단지 구의 단면만을 볼 뿐이다. 이번에는 구가 사각형 씨를 스페이스랜드로 초대한다. 사각형 씨는 평평한 땅의 세계를 벗어나 자신에게 있어서는 감추어진 차원으로만 있던 곳을 따라 비참한 여행을 한다. 그러나 사각형 씨가 세 번째의 차원을 따라 여행을 해도 그는 3차원 스페이스랜드의 2차원 단면밖에 볼 수가 없다. 예를 들면, 사각형 씨가 정육면체를 만나도 '사각형' 씨에게는 그것이 사각형 속에 사각형이 들어 있는 것 같은 불가사의한 물체로 보인다.

사각형 씨는 스페이스랜드 사람들과의 충격적인 만남을 자기 세계의 사람들에게 이야기하려고 한다.

당국은 그의 이야기를 평평한 땅의 계층사회를 동요시킬지도 모르는 선동적인 것으로 여겨 그를 체포하고 재판정으로 데려간다. 재판에서 그는 세 번째 차원에 대해 설명하려고 애쓰지만 그의 이야기는 수포로 돌아간다. 팔각형과 원에게 3차원의 구와 정육면체 그리고 스페이스랜드라는 세계를 아무리 설명하여도 그들에게는 아무 소용이 없다.

사각형 씨는 무기징역을 선고받고 감옥에 들어간다. 평평한 땅의 세계에서 감옥이란 사각형 씨 둘레에 그어진 선이다. 진리를 깨달은 순교자처럼 그의 남은 일생을 그곳에서 보낸다. 역설적으로 사각형 씨가 할 수 있는 것은 사실상 세 번째 차원을 통해 감옥 밖으로 뛰어나오는 것이지만 그것은 그가 이해할 수 있는 영역 밖의 문제이다.

신학자이며, 런던시 학교의 교장이기도한 애벗 씨는 주위에서 본 빅토리아 시대의 위선들에 대한 정치적 풍자물로서 『평평한 땅』을 썼다. 그러나 그가 『평평한 땅』을 쓴 지 100여 년이 지난 오늘날에 있어서, 초끈 이론을 위해 물리학자들은 높은 차원의 세계를 어떻게 보아야 하는지 진지하게 생각해보아야 할 것이다.

무엇보다도 이 우주를 내려다보고 있는 10차원 우주에 살고 있는 존재는 우리의 모든 내부 조직들을 볼 수 있으며 우리의 피부를 갈라내지 않고도 외과수술을 할 수 있을 것이다. 표피를 하나도 건드리지 않고 고체와 같은 물체의 속으로 쉽게 들어갈 수 있다는 생각은 높은 차원을 생각할 때, 마치 재판정의 다각형이 갖는 사고처럼 우리의 생각이 제한되어 있기 때문에 불합리하게 보일 뿐이다.

둘째로, 10차원 존재가 우리의 세계에 들어와 손가락으로 우리가 사는 집을 콕콕 찌른다면, 우리는 단지 공중에 떠 있는 구 꼴의 살덩어리로만 보일 것이다.

셋째는, 이 10차원의 존재가 감옥에 있는 누군가를 빼내어 다른 곳으로 옮겨놓는 일이 생긴다면 우리는 단지, 그 사람이 감옥으로부터 불가사의하게 탈출하고 마술에 의해 다시 갑자기 나타난다고 생각할 것이다. 많은 공상과학소설 속에서 자주 등장하는 기계가 있는데, 그것은 '공간전이장치(空間轉移裝置)'이다. 이 기계는 눈 깜짝할 사이에 사람을 굉장히 먼 거리로 옮겨놓는 역할을 도와주는 것이다. 보다 발전된 형태의 공간전이

장치가 있다면 사람을 보다 높은 차원의 세계로 옮겼다가 다시 되돌아오게 할 수 있는 그런 성능의 기계일 것이다.

### ♦ 높은 차원의 시각화

3차원 공간에 있는 대상을 주로 개념화해서 인식하는 우리의 사고방식으로는 보다 높은 차원의 대상을 그려낼 수는 없다. 높은 차원의 대상만을 전문적으로 연구하는 물리학자나 수학자조차도 이들을 구체적으로 시각화하려고 하기보다는 오히려 추상적인 수학을 이용하여 다룬다.

그러나 평평한 땅에 사는 사람들과의 유사성을 유추해보면, 초정육면체와 같은 높은 차원의 기하학적 물체를 시각화하는 방법이 없는 것은 아니다.

3차원에서 정육면체라는 개념은 평평한 땅에 사는 사람들에게 있어서는 전혀 이해할 수 없는 성질의 것이다. 그러나 우리가 그들에게 이 정육면체라는 개념을 심어줄 수 있는 방법은 적어도 두 가지 정도는 있다. 첫째로 만약 속이 빈 정육면체를 풀어 헤쳐놓는다면, 예를 들면, 십자가 모양으로 배열된 여섯 개의 사각형들을 얻을 수 있을 것이다.

우리라면 간단히 이 사각형들을 쌓아 정육면체를 다시 만들어낼 수 있지만 평평한 땅에 사는 사람들에게 있어서는 불가능할 것이다. 이와 비슷하게, 높은 차원에 사는 존재가 우리에게 초정육면체의 개념을 설명하

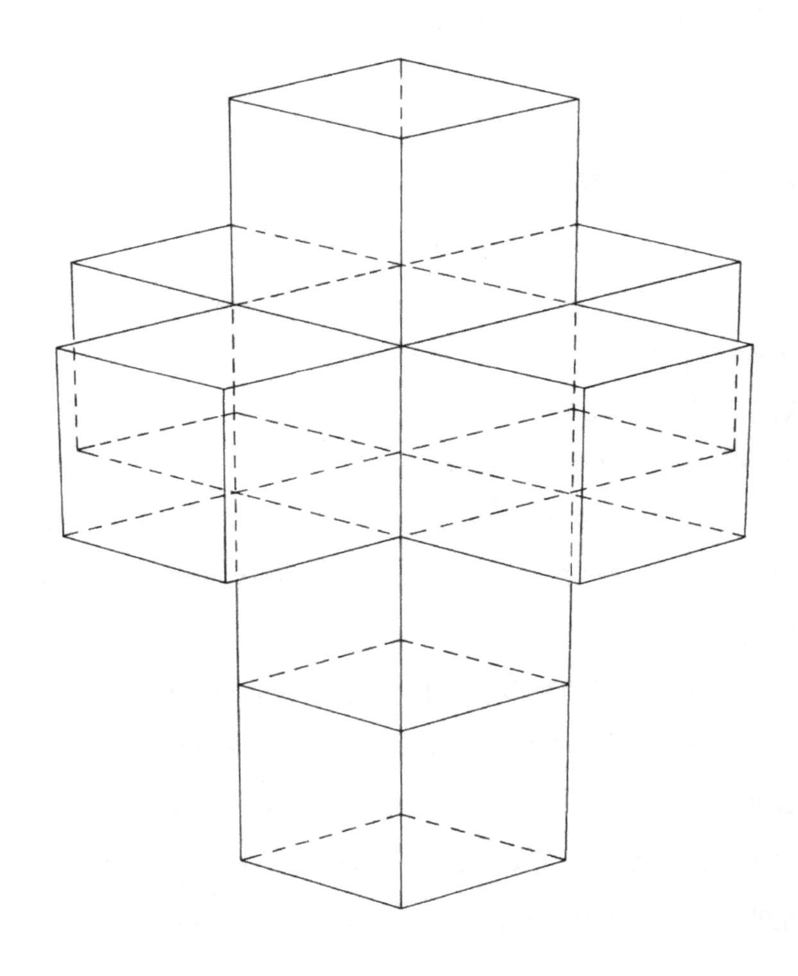

3차원의 정육면체를 펼치면 십자가 꼴로 된 일련의 사각형들이 된다. 4차원의 초정육면체를 펼치면 3차원의 정육면체로 이루어진 테서랙트라고 하는 십자가 비슷한 꼴로 된다.

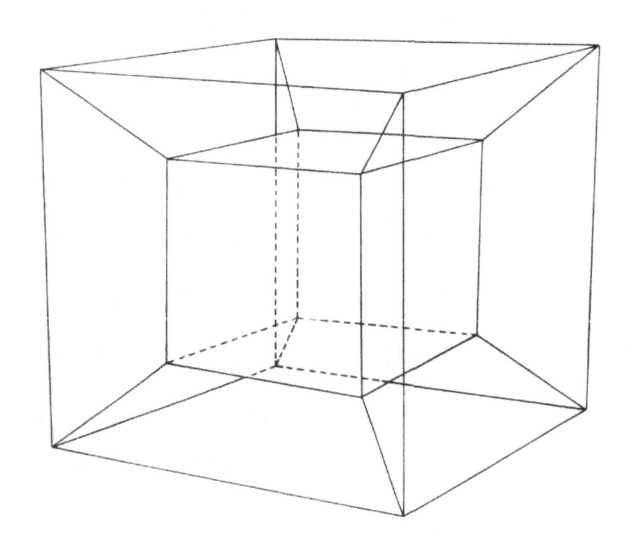

4차원의 초정육면체가 우리들 3차원 우주로 던져진 모습은 정육면체 속에 정육면체가 들어 있는 것처럼 보인다.

기 위해 이를 풀어 헤치면 테서랙트이라고 하는 일련의 3차원 정육면체를 얻을 수 있을 것이다.

아마 테서랙트의 보기로 가장 유명한 것으로는 예수 그리스도의 십자가상에 대한 S. 달리(S. Dali)의 그림에서 볼 수 있을 것이다. 이 그림은 뉴욕시의 현대미술관에 전시되어 있다. 이 그림에서 막달라 마리아(Magdala Maria)가 십자가 모양으로 배열된 일련의 정육면체들 앞의 공중에 매달려 있는 예수 그리스도를 바라보고 있다.

좀 세밀히 관찰해보면, 그 십자가는 종래의 십자가와는 전혀 다른 초정육면체를 풀어 헤친 테서랙트라는 것을 쉽게 알 수 있을 것이다.

정육면체의 개념을 평평한 땅에 사는 사람들에게 설명할 수 있는 또 한 가지의 방법이란, 만일 정육면체의 모서리들을 막대로 만들어 속이 비게 하고 이 도형에 빛을 비추면 그림자가 2차원 평면에 투영된다. 평평한 땅에 사는 사람들은 정육면체의 그림자를 사각형 속에 사각형이 있는 것으로 쉽게 알게 될 것이다. 정육면체를 회전시키면 정육면체의 그림자는 평평한 땅에 사는 사람들로서는 이해할 수 없는 기하학적 변화를 일으키게 된다. 이와 비슷하게, 모서리가 모두 막대로 된 초정육면체의 그림자는 정육면체 속에 정육면체가 있는 것으로 보일 것이다. 만일 이 초정육면체를 회전시키면, 정육면체 속의 정육면체가 이해를 초월한 기하학적인 회전을 일으키는 것을 보게 될 것이다.

요약하면 높은 차원의 존재는 쉽게 낮은 차원의 물체들을 시각화할 수 있지만, 낮은 차원의 존재는 높은 차원의 물체들의 단면이나 그림자밖에 시각화할 수 없다.

## ♦ 높은 차원 공간으로의 여행

10차원 세계로의 여행은 어떨까? 잠시, 우리의 손가락 세 개를 2차원 세계에 세워 사각형 씨와 같은 평평한 땅에 사는 사람을 표면에서 끄집어 내 3차원 세계로 데려온다고 상상해보자. 이 사람은 2차원 단면 외에는 더 이상 볼 수 없으므로, 자기 몸 둘레를 세 개의 원이 배회하다가 갑자기 가까이 다가와 붙잡히게 되었을 것이다. 우리가 평평한 땅으로부터 그를 집어 좀 더 자세히 관찰하기 위해 우리 눈앞에 올려놓자. 그러나 이 사람은 여전히 우리 우주의 2차원 단면만 볼 수 있을 뿐이다. 3차원에 올라온 이 사람은 눈을 돌려 단면들을 보기 시작한다. 그에게는 갑자기 어떤 모양이 나타나 밝았다 흐렸다 하며 색이 바뀌고, 또 갑자기 사라져 평평한 땅의 모든 물리적 법칙을 무시한다고 느낄 것이다.

예를 들면, 보통의 당근을 생각해보자. 우리라면 당근의 모양 전체를 볼 수 있지만, 그에게는 그럴 수 없다. 만일 그 당근을 원형으로 얇게 자른다면 그는 각각의 원형만을 볼 뿐, 결코 당근 전체를 볼 수 없다.

이제, 2차원 세계의 안락으로부터 3차원 세계로 온 그는 마치 종이 인형처럼 떠다닐 것이다. 뿐만 아니라 그는 당근 또는 그 자신이 어디로 가고 있는지 전혀 볼 수가 없을 것이다. 눈이 측면에 붙어 있어서 옆 방향, 즉 2차원 평면밖에는 볼 수가 없다.

당근의 끝이 그의 눈앞에 나타나면, 그는 어디선지 갑자기 작은 오렌지 빛의 원을 보게 된다. 당근을 따라 그를 계속 움직이면, 그는 그 오렌지 빛을 띤 원이 점점 더 커지고 있음을 보게 될 것이다. 물론 그는 당근의 얇은 조각을 연속해서 볼 뿐이다.

이제, 그는 오렌지색의 원이 녹색으로 바뀌는 것을 보게 된다(당근의 녹색 끝부분을 본 것이다). 애초부터 불가사의하게 나타났던 것처럼 또 갑자기 사라져버릴 것이다.

마찬가지로 우리가 높은 차원의 존재를 만나게 된다면 먼저 우리는 불길하게도 주위에 나타나 움직이는 살덩이로 된 세 구가 점점 다가오는 것을 보게 될는지도 모른다. 이 구들이 갑자기 우리를 잡고는 보다 높은 차원으로 데려간다고 하더라도 우리는 단지 높은 차원의 세계의 3차원 단면 외에는 아무것도 볼 수 없을 것이다. 무엇인가가 갑자기 나타나더니, 색깔이 바뀌고 크기가 커졌다 작아지기도 하고 또 갑자기 사라져버릴 것이다. 비록 이렇게 변화가 심한 무엇인가가 실제로는 높은 차원에 있는 어떤 것의 부분이라고 이해할 수는 있을는지도 모르지만, 여전히 그것의 전체적인 모습을 못 볼 것이고 그 높은 차원 공간에서의 삶은 어떠한 것인가 하는 것도 알 수 없을 것이다.

### ♦ 시공간의 곡률

휘어진 공간이란 무엇을 뜻하는가? 휘어진 공간이란 물질과 에너지의 존재로 인해 생긴 시공구조의 왜곡이다. 2장에서 보았듯이, 아인슈타인은 시공간의 이러한 왜곡은 중력에 그 기원을 두고 있다고 해석했다. 이러한 휘어진 공간의 효과를 시각화하기 위하여 콜럼버스 시대로 돌아갔다고 생각하자. 그 당시 대부분의 사람들은 세계가 평평하다고 여겼다. 어디를 둘러보더라도 세계가 평평해 보였던 것은 인간이 지구 반지름에 비해 너무도 작았기 때문이다.

이와 비슷하게, 오늘날 우리는 우리를 에워싼 우주가 너무도 크기 때문에 단순히 평평할 것이라 여길는지도 모른다.

벌레 한 마리가 구의 표면을 올라가고 있었다면 그 벌레는 콜럼버스 시대 이전 사람들이 세상을 평평한 것으로 보았듯이 구가 평평하다고 생각할 것이다. 그러나 그 벌레는 자기가 출발했던 곳으로 다시 되돌아올 때까지 구의 표면을 따라 끊임없이 기어다닐 수 있을 것이다. 이런 식으로 우리는 2차원으로서는 무한하며 경계진 곳이 없지만 3차원에서 볼 때는 유한하다는 것을 알 수 있다.

우리가 살고 있는 우주란 대폭발 이후 계속해서 팽창하고 있는 바로 이러한 초구(超球)의 표면인 셈이다. 계속 커지고 있는 풍선 위의 점들처럼, 우주는 끊임없이 서로로부터 멀어지고 있다. 그러나 어디에서 대폭발이 있었는지 묻는 것은 쓸모없는 질문이다. 풍선의 팽창이 그 표면에서부터 시작된 것은 아니지 않은가! 마찬가지로, 대폭발이 4차원 시공간의 표면을 따라서 일어난 것은 아닐 것이다. 다시 말하면, 대폭발이 시작된 곳을 설명하기 위해서는 5차원 공간이 필요하다.

예를 들면, 기하학을 통해 삼각형의 내각의 합은 180°라는 것을 잘 알고 있다. 그러나 이것은 오직 평평한 면 위에서만 성립된다. 삼각형이 구 표면 위에 있다면 내각의 합을 180°보다 클 것이다(이때, 구가 양의 곡률을 가진다고 한다). 삼각형이 트럼펫이나 또는 말안장 등의 표면 안쪽에 있다면 내각의 합은 180°보다 작다(이 면은 음의 곡률을 가진다고 한다).

## ♦ 비유클리드 기하학

과거 수학자들은 우리 우주가 휘었는지 혹은 아닌지를 설명하려고 부단히 노력해왔다. 예를 들면, 19세기 독일의 수학자 K. F. 가우스(K. F. Gauss)는 세 개의 산꼭대기에 조수들을 올려 보내 삼각형을 만들고 이 거대한 삼각형이 만드는 내각들을 측정함으로써 우리 우주가 휘었는지 혹은 평평한지를 측정하려고 했다. 그러나 불행히도 그는 이 내각의 합이 180°임을 알았다. 그 결과 우주가 평평한 것인지 또는 곡률이 너무 작아서 관측하기 어려운지 구별할 수가 없었다.

휘어진 공간에 대한 수학에는 기묘한 역사가 있다. B. C. 300년경 알렉산드리아의 그리스의 대 기하학자 유클리드는 일련의 기본적인 공리들로부터 시작해 기하학의 법칙들을 체계적으로 정리한 최초의 인물이었다.

그 후, 여러 세기에 걸쳐 이런 기하학의 가설들 중 가장 논쟁이 심했던 것은 바로 유클리드의 다섯 번째 공리였다. 이 다섯 번째 공리란 '한 점과 한 직선이 있으면 그 한 점을 지나 직선에 평행하게 그릴 수 있는 직선은 오직 하나뿐이다'라는 것이다.

이 평범한 말은 그 후 2000여 년간 수학자들의 관심의 대상이 되었는데, 이들은 주로 이 다섯 번째의 공리가 다른 4개의 공리로부터 얻을 수 있는 것으로 믿었다. 여러 세기에 걸쳐 주기적으로 젊은 수학자들이 이 '제5공리'를 증명했다고 발표하였지만, 대부분이 증명에 오류가 있었다.

할 수 있는 모든 노력을 다했지만 이 제5공리를 유도하는 데 실패했다. 사실, 수학자들은 그 증명은 불가능하다고 생각하기 시작했다.

1829년 이 까다로운 문제의 답을 해결한 사람이 있었는데, 이 사람은 러시아의 수학자 N. I. 로바첼스키(N. I. Lobachevsky)였다.

그는 유클리드의 제5공리를 증명한다는 것은 불가능한 일이라 생각하고, 전혀 새로운 기하학을 구성했다. 즉, 제5공리가 실제로는 잘못된 공리라는 점에서부터 시작하여 비유클리드 기하학의 탄생을 가져온 것이다.

불행하게도 그는 무척이나 가난했기 때문에 그의 연구결과를 세상에 널리 알린다는 것은 어려운 일이었다. 다른 수학자들은 대체로 귀족 신분이거나 또는 왕실의 신하에 속해 있었지만, 그는 그렇지 못했다. 사실, 그는 어떠한 사회적 지위도 탐탁지 않아 했고, 별로 나아 보이지 않는 자유사상들을 신봉하기도 했다. 전제군주 시대엔 아주 위험한 일이 아닐 수 없었다. 그가 그렇게 고립되어 있었던 것은 유클리드가 틀렸거나 혹은 불완전할지도 모른다는 생각에 대해 많은 수학자들이 공공연히 적의를 가지고 반응했다는 사실로 미루어 알 수 있다. 유클리드 기하학이 마치 성경처럼 생각되고 있던 시대라 그것을 비판한다는 것은 이단이나 마찬가지였던 것이다. 한편, 가우스도 몇 해 전 독자적으로 같은 결론을 얻었지만, 그 사실의 발표로 인한 정치적인 반격을 우려한 나머지 정작 발표하지는 못했다.

1854년, 마침내 독일 수학자인 B. 리만(B. Riemann)은 이 새로운 기하학에 대해 완전히 이해하고, 이 이론을 보다 높은 차원으로 확장하는 방법을 찾아냈다. 그는 이들 비유클리드 기하학은 임의의 곡률을 갖는 휘어 있는 면에 기초한 기하학으로 어떻게 나타낼 수 있는지를 명쾌하게 보여주었다.

로바쳅스키처럼 리만도 황실의 신하는 아니었다. 가난하게 살면서 그는 시대 최고로 강력한 수학을 만들어냈던 것이다. 설상가상으로 그의 가족 중 몇몇은 그로부터의 경제적 지원에 매달려 있었다. 1859년, 그에게도 마침내 행운이 안겨져 괴팅겐의 교수로 발탁되었다. 그러나 1866년 여러 해 동안 연구에만 몰두해 건강을 돌보지 않았기 때문에 39살의 나이에 결핵으로 죽었다.

리만 기하학은 오늘날 일반상대성이론의 수학적 기초를 제공하고 있다. 사실상 아인슈타인도 자신의 이론 중 많은 부분을 수학자들로부터 빌려온 것이다. 리만 자신이 만든 이론이 오늘날 우주를 이해하는 기본이 되었다는 것을 생전에 알지 못한 것은 애석한 일이 아닐 수 없다.

## ◆ 어디에 가장 먼 별이 있을까?

논의를 위하여 편의상 우리가 상대적으로 작은 초구(超球) 위에 살고 있다고 가정하자. 우주에서 가장 먼 곳은 어디일까? 고대 철학자들은 바로 이러한 물음과 동시에 가장 먼 곳을 넘어서는 또 무엇이 있을까, 하고 의심했다. 우주가 충분히 작은 초구라면, 망원경을 통해 우주로부터 빛을 받을 때 놀랍게도 우주에서 가장 멀리 있는 곳이란 바로 우리 자신의 등 뒤라는 것을 알게 될 것이다.

예를 들면, 풍선 표면에 사는 벌레를 다시 생각하자. 논의를 쉽게 하기 위하여, 빛이 풍선의 표면을 따라 원형의 곡선을 그리며 날아간다고 하자. 그 벌레가 망원경을 자세히 들여다본다면, 빛은 벌레로부터 풍선을 완전히 돌아 다시 벌레가 보는 망원경으로 되돌아오게 될 것이다. 벌레가 우주에 있는 가장 먼 곳을 본다면, 그는 차차 망원경을 통해 자신의 상을 보게 된다는 것을 알게 될 것이다.

이와 비슷하게, 우리가 조그만 초구 위에 살고 있다면, 빛은 역시 우리 우주를 완전히 한 바퀴 회전할 수 있을 것이다. 그러면 우리가 갖고 있는 가장 강력한 망원경을 통해 자기 자신의 뒷모습을 보게 된다. 우주에서 그가 볼 수 있는 가장 먼 곳의 물체란 바로 다름 아닌 망원경을 통해 본 자신의 상인 것이다. 또 가장 먼 곳에 있는 별이란 우리 태양이라는 것이다.

빛은 물론 이 조그만 초구 주위를 여러 번 회전할 수 있다. 이는 우리가 다시 망원경을 통해 조금은 다른 각도에서 보더라도, 우리와 같은 피조물인 어떤 다른 사람에 대한 상일 것이다. 계속해서 조금 더 다른 각도에서 보면, 또 다른 사람을 보게 될 것이다.

사실 조금씩 조금씩 시각의 변화를 계속하면 망원경 속에서는 무한히 많은 사람들을 보게 될텐데, 물론 이는 우리가 3차원 물체만을 인식할 수밖에 없으므로 우리가 아는 사람들의 무한한 무리를 보게 된다는 것이다.

실제로 우리는 단지 우주를 여러 번 회전한 빛을 눈으로 받아들여 인식하게 되는 것이다.[10]

### ♦ 블랙홀

이제까지만 하더라도 이 모든 사실을 알아냄으로써 우리가 고도의 안목을 갖게 된 것처럼 보이기는 하지만, 가까운 장래에는 우리의 우주 탐사선이 바깥 우주에까지 이르러 블랙홀과 같은 것을 볼 수도 있을 것이다. 블랙홀이란 중력 붕괴가 일어났던 아주 무거운 별의 잔해(殘骸)이다. 아인슈타인이 생각했던 이미지를 다시 살펴보면 블랙홀은 근본적으로 시공간 구조가 긴 트럼펫 모양의 함몰로 나타난다는 것을 알 수 있다.

그러나 아인슈타인은 여러 해 전에 이러한 생각이 전적으로 옳지 않

10) 처음에는 이 효과가 두 개의 거울을 마주 향하게 놓았을 때 생기는 환영과 같다고 생각할지도 모른다. 그러나 두 개의 거울에 의해 생기는 무한개의 연속적인 상(像)은 엄밀히 말해 허상이다. 우리가 손을 뻗어 상을 잡으려고 하면 거울과 부딪히게 된다. 이 허상들의 존재는 단지 빛이 두 거울 사이에서 반사되어 왕복하고 있는 것에 지나지 않는다.
이에 반해 이 경우에는 눈앞에 보이는 무한개의 일련의 물체들은 진짜 살과 피로 이루어져 있다. 손을 뻗어 눈앞의 상을 붙잡을 수 있다. 이것은 손이 우주를 한 바퀴 돌아 뒤에서 자기 자신의 어깨를 붙잡는 것과 같으며 마치 개가 자신의 꼬리를 물려고 하는 것에 견줄 수도 있을 것이다. 그러나 뇌는 휘어진 공간을 시각화할 수 없기 때문에 이 효과를 자기 자신이 일렬로 무한히 늘어선 물체라고 이해한다. 뇌는 눈에 들어오는 빛만을 인식할 뿐이다.

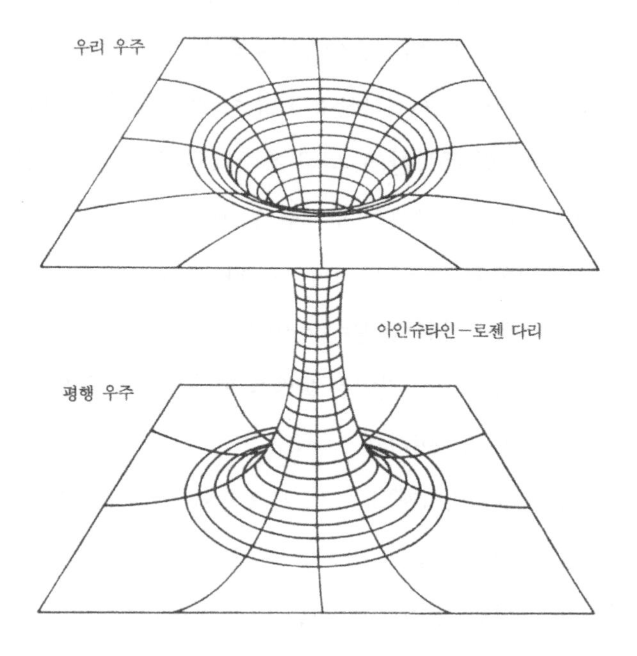


블랙홀은 평행우주로의 통로로 여길 수 있다. '함정'은 아인슈타인-로젠 다리의 한가운데에서의 중력이 두 우주 사이의 통신을 불가능하게 할지도 모른다는 점에 있다.

다고 여겼다. 이러한 트럼펫 모양의 함몰이 하나만 존재한다면 모순된 결과를 얻게 된다는 것이 밝혀졌다. 사실 아인슈타인도 블랙홀이 자기모순에 빠지지 않으려면 트럼펫 모양의 함몰이 두 개가 있어야 한다고 생각했다(다음 쪽 그림 참조).

블랙홀은 두 개의 서로 다른 우주에 대한 출입구 역할을 한다는 사실에 유념하자. 물론, 이 블랙홀 근처에서의 중력은 굉장히 강하기 때문에 이리로 떨어지게 되면 누구나 산산조각 나 죽게 될 것이다. 아인슈타인은 블랙홀을 우리 우주와 동등한 또 다른 우주로의 '통로'처럼 보는 시각을 단지 수학적인 호기심에 불과한 것으로 생각했다. 어느 점으로 보나 '다리(때로는 아인슈타인-로젠의 다리라고도 하는)'의 한가운데에서 중력의 크기는 거의 무한에 가까워 두 우주 사이의 의사소통이란 거의 불가능하다. 원자나 원자핵의 어떠한 것이든 블랙홀 한가운데의 중력은 이들을 깡그리 깨버릴 수 있기 때문이다.

그러나 1963년, 물리학자인 R. P. 커(R. P. Kerr)가 회전하고 있는 블랙홀은 한 점으로 붕괴하지 않고 팬케이크 모양의 무한히 얇은 판처럼 붕괴한다는 사실을 밝혀냈다. 각운동량보존이라는 물리법칙 때문에 대부분의 블랙홀들은 매우 빠르게 회전하게 되고, 따라서 이들 블랙홀에 대한 가장 적당한 모델은 커 계량 텐서로 기술되리라 기대하고 있다.

커 계량 텐서는 매우 특별한 것이어서, 판 모양의 블랙홀에 수직축 쪽에서 무엇인가가 떨어진다고 하더라도 중력의 크기는 무한대에 이르지 않는다. 이러한 점은 미래에 우주탐사선이 회전하는 블랙홀에 직접 보내져서 또 다른 우주로 옮겨갈 수도 있는 매우 특별한 가능성을 불러일으키는 것이다.

실제로 이런 투사체가 한 우주로부터 다른 우주로 이동하는 정확한 궤도를 계산해낼 수 있다.

만일 회전하는 블랙홀의 가장자리를 따라 접근한다면, 보통의 블랙홀을 지나려고 할 때와 마찬가지로 우리는 산산조각 나버릴 것이다. 그러나 맨 꼭대기로부터 이 블랙홀에 접근하게 된다면 중력장의 크기가 커지는 것은 사실이지만 그렇다고 무한대에 이르지는 않을 것이다.

S. 호킹과 그의 동료 R. 펜로즈는 이러한 기괴한 커의 블랙홀에 대해 면밀히 연구했다. 그 결과 그들은 아인슈타인-로젠 다리의 목 부분이 실제로는 굽어져 있고, 우주의 다른 어딘가로 나갈 수 있다는 것을 알아냈다. 이것은 우주의 다른 부분들 사이에 차원의 다리가 놓여 있을 가능성이 높다는 것을 뜻한다.

이러한 다리는 어떻게 생겼을까? 커의 회전하는 블랙홀을 발견했다고 상상해보자. 블랙홀을 통해 수직 방향에서 로켓을 직접 보냈다고 하더라도, 블랙홀의 다른 쪽 면으로 이 로켓이 나오지는 않을 것이다. 이러한 점에서 이 다리는 우주의 다른 면으로의 차원 이동의 역할을 하게 될 것이다.

공상과학소설 작가들이 이러한 가능성에 충분히 매료될 수는 있을지 모르겠지만 이러한 다리들이 실제로 존재할는지 그것은 명백하지 않다. 이들이 비록 아인슈타인 방정식의 풀이로 찾아낸 것이기는 하더라도 그것으로 충분한 것은 아니다. 여전히 이런 벌레 구멍에 대한 양자적 보정량을 계산해야 한다.

전통적으로 양자적 보정량은 일반상대성이론에서는 계산할 수 없다고 알려져 있다. 따라서 양자적 효과로 인해 이 다리에 다가설 수 있는지의 여부는 단순한 추측의 문제에 불과하다. 그러나 초끈이론의 출현으로 양자적 아인슈타인-로젠 다리에서 어떤 일이 일어날 수 있는지, 양자적 효과로 이 다리를 막아버릴 수도 있는지 등을 계산하는 것은 단지 시간문제이다.

많은 물리학자들에게 있어서, 초끈이론에 기인한 양자적 보정량은 우주의 다른 쪽으로의 이동을 불가능하게 하도록 그 출입을 막으리란 생각이 보통이다. 그러나 초끈이론에 의한 보정이 차원의 다리를 막지 않는다면, 회전하는 블랙홀로 직접 로켓을 보내 우주의 반대편에 다시 나타나게 할 수 있는가 하는 흥미진진한 가능성이 남아 있다.

또한, 이러한 다리와 똑같은 정도로 기묘한 효과가 일반상대성 이론에도 존재한다. 초끈이론의 출현에 의해 시간의 기괴한 왜곡이 가능한지 어떤지 하는 의문이 해결될 수 있을는지도 모른다!

## 10. 이상한 나라의 우주론

L. 캐럴(L. Carroll)의 『거울 나라의 앨리스』에서 앨리스는 거울을 통과하여 다른 우주로 들어갔다. 또 하나의 우주에서는 단 한 가지를 빼고는 모든 것이 같았다. 이상한 나라에서는 논리와 상식이 완전히 거꾸로 되어 있다는 것이다.

캐럴의 본명은 C. L. 도지슨(C. L. Dodgson)이다. 그는 옥스퍼드대학의 수학 교수였으며 수리논리 분야에 독창적인 기여를 하였다. 빅토리아 여왕은 캐럴의 동화책에 매혹되어 바로 다음에 쓴 책을 보낼 것을 요청했는데 그는 추상 수학에 관한 그의 최근 저서를 기꺼이 보내주었다.

본디 그가 『이상한 나라의 앨리스』 전집을 썼던 것은 뒤죽박죽된 논리로 어린이에게 즐거움을 주기 위해서였다. 요컨대 캐럴은 우리와는 전혀 다른 규칙을 가진 다른 세계가 가능하다는 것을 어린이들에게 이야기하고 있는 것이었다.

그러나 현대물리학의 관점에서는 다음과 같이 질문할 수 있다. 우리와 비슷한 우주의 가능성에 대해서 과학은 무엇을 말할 수 있는가? 반물질 우주(反物質宇宙; 반물질로 만들어진 우주), 거울 우주(모든 것이 거울 속에 비친 것처럼 보이는 우주), 시간이 거꾸로 흐르는 우주 등에 대해서는 어떤가? 놀랍게도 대통일이론과 초끈이론은 이런 다른 꼴 우주의 가능성에 대해서 상당히 많은 것을 말하고 있다.

이런 또 다른 우주의 가능성에 대한 문을 처음으로 연 것은 양자역학의 발견자 중 한 사람인 P. 디랙으로 반물질 이론을 아주 우연히 발견했다.

### ◆ 반물질

디랙은 하이젠베르크보다 한 해 늦은 1902년에 태어났다. 그는 18세에 영국의 브리스톨대학을 졸업했으나 물리학과가 아니고 전기공학과였다. 그런데 아인슈타인과 마찬가지로 졸업 후 직장을 얻지 못했다. 그는 케임브리지대학에 입학 자격을 얻었으나 돈이 없어서 포기했다. 그는 실업자로 부모와 함께 지내다가 그 후 1923년에 응용수학으로 학사학위를 받았다.

1925년에 그는 물질과 복사에 대한 새로운 이론, 즉 당시 양자역학을 만들고 있던 20대 초반의 물리학자 하이젠베르크의 아주 흥미로운 연구에 대해서 들었다. 놀라우리만치 적은 물리학에 대한 이전의 경험에도 불구하고 디랙은 매우 신속히 앞으로 돌진하여 양자역학 분야에서 놀랄 만한 독창적인 기여를 했다.

1928년, 아직 스물여섯의 디랙은 슈뢰딩거 방정식이 비상대성이론적이고 광속보다 훨씬 작은 속도에서만 적용된다는 것을 가지고 고민했다. 디랙은 또 아인슈타인의 유명한 방정식 $E=mc^2$이 완전히는 맞지 않는다는 것을 알아차렸다. 아인슈타인도 정확한 방정식은 $E=\pm mc^2$임을 알았으나, 그는 힘의 이론을 만들기 위해 음의 부호에는 관심을 갖지 않았다.

디랙은 디랙 방정식이라 불리는 전자의 새로운 이론을 만들고 있었고 음의 에너지를 가진 물질의 가능성을 무시할 수 없었다. 그 음의 부호는 전혀 다른 형태의 이상한 물질을 예측하는 것 같았다.

디랙은 음의 에너지를 갖는 물질은 보통 물질과 모두 같은데, 전하만 반대 부호를 갖는다는 것을 발견했다. 예를 들면, 반전자(反電子)는 양으로 대전되어 있고 이론적으로 음으로 대전된 반양성자의 주위를 돌면서 반원자를 구성할 수가 있다. 이런 반원자는 결국 모두 반물질로 이루어진 반분자, 더 나아가 반행성, 반항성까지도 만들 수가 있다.

디랙은 본래 논문에서는 양성자가 전자의 반물질이라는 보수적인 견해를 취했다. 그러나 이것이 전혀 다른 입자일 수 있다는 가능성을 무시하지는 않았다.

반물질의 존재는, 디랙에 의해서 처음으로 예측되고 후에 캘리포니아 공과대학의 C. 앤더슨(C. Anderson)에 의해 반전자(후에 양전자로 불림)가 발견되면서 결정적으로 확인되었다. 우주선(宇宙線)의 궤적을 분석하던 앤더슨은 한 사진에서는 전자가 자기장 안에서 다른 방향으로 움직였다는 것을 알았다. 바로 이것이 양의 전하를 가진 전자였다.

이 일로 디랙은 31세에 노벨상을 받았고 수 세기 전 I. 뉴턴에게 붙여졌던 케임브리지대학의 루카시안 석좌 교수직을 얻었다. 앤더슨도 1936년에 노벨상을 수상했다.

얼마 안 있어 하이젠베르크는 디랙의 이 연구에 감명을 받아 “나는 소립자의 본성이나 성질과 관련된 가장 결정적인 발견은 바로 디랙의 반물질의 발견이었다고 생각한다"[11]라고 이야기했다.

물질과 반물질이 충돌하면, 서로 중성화되면서 굉장한 양의 에너지를 방출한다. 불가능하지는 않을지라도 큰 반물질 덩어리를 시험하는 것은 보통 물질과의 접촉 시에 수소폭탄보다도 훨씬 큰 핵폭발이 일어나기 때문에 매우 어렵다.

물질과 반물질의 에너지로의 변환은 수소폭탄의 경우보다 훨씬 더 효과적이다. 핵폭발에서는 변환율이 2퍼센트 정도인데 반해, 반물질 폭탄에서는, 만약 만들어진다면, 거의 100퍼센트에 가깝게 변환될 수 있다. 그러나 반물질로 핵폭탄을 만드는 것은 실용적이지는 않다. 비록 반물질 폭탄이 이론적으로 가능할지라도, 그것은 어마어마한 돈이 들기 때문이다.

오늘날에는 반물질에 관한 정교한 실험들이 진행 중이다. 실제로, 세계의 몇몇 입자가속기에서는, 반전자만으로 된 빔을 만들어 전자빔과 충돌하게 하고 있다. 이 빔은 그렇게 강하지 않아서, 물질과 반물질의 충돌로 방출되는 에너지로는 폭발을 일으키지 않는다.

미래에는 물질과 반물질의 소멸이 우주여행의 연료로도 쓰일 수 있을지도 모른다. 물론 우리가 우주에서 많은 양의 반물질 덩어리를 찾을 수 있다면 말이다.

공상과학소설에서 반물질에 대해 읽은 사람은 반물질 이론이 전혀 새

---

11) Calder, *The Key to the Universe*, 25.

로운 것이 아니며, 실제로는 60년 이상 되었다는 것을 알고 놀라게 된다. 아마 반물질의 존재가 그렇게 널리 알려지지 않은 이유는 디랙이 불필요한 말을 하지 않았으며, 그의 성과에 대해 절대 자랑하지 않는 성격 때문인지 모른다. 이런 디랙의 과묵한 성격은 퍽이나 유명해서 케임브리지대학 학생들은 '디랙'을 수다의 정도를 나타내는 단위로 썼다. 1디랙은 1년에 1단어를 이야기하는 것을 의미했다.

## ◆ 시간을 거슬러 올라가기

몇 년 후, 프린스턴대학의 대학원생이었던 파인먼은 반물질의 본성에 대한 또 다른 해석을 도입했다.

이것은 반물질에 대한 전혀 새로운 (그러나 결국은 같은) 해석을 가능케 했다. 예를 들면, 만약 우리가 전자 하나에 전기장을 걸었을 때, 전자가 왼쪽으로 움직인다고 하자. 그 전자가 시간을 거슬러 간다고 생각하면 그것은 오른쪽으로 움직인다. 그러나 오른쪽으로 움직이는 전자는 음의 전하가 아닌 양의 전하를 가진 전자인 것처럼 우리에게 보이게 될 것이다. 결국 시간을 거슬러 움직이는 전자는 제대로 움직이는 반물질과 구분할 수 없다. 다시 말하면, C. 앤더슨의 우주선 실험에서 건판에 찍혔던 양전하를 가진 것처럼 보인 전자는 실제로는 시간을 거슬러 올라가고 있었던 것이다.

이것은 파인먼 도식에 대해 새로운 해석을 가능하게 한다. 막대한 에너지를 내는 전자와 반전자의 충돌을 가정하자. 만약 반전자의 화살표를 거꾸로 하여 시간을 거슬러 가게 하면 우리는 이 도식을 다르게 해석할 수 있다. 새로운 해석에 따르면, 한 전자가 시간에 순행하여 가다가 광자 하나를 내고 똑같은 전자가 시간을 거슬러 올라간다고 볼 수 있다.

실제로 파인먼은 QED의 모든 방정식들은 반물질이 시간을 순행할 때나 물질이 시간을 역행할 때나 완전히 같다는 것을 증명했다. 이런 기괴한 상황이 '전 우주는 단 하나의 전자로 이루어져 있다'라는 프린스턴 대학의 J. 휠러(J. Wheeler)의 색다른 이론을 가능하게 했다.

파인먼이 프린스턴대학의 학생으로 있던 어느 날 그의 지도교수인 휠러가 흥분하며 우주의 모든 전자가 왜 똑같아 보이는지 알았다고 외쳤다. 화학과 학생이라면 누구나 전자들은 모두 같다는 것을 배운다. 뚱뚱한 전자, 녹색의 전자, 늘씬한 전자들이란 없다. 휠러는 그 이유로 모든 전자가 실제로는 같은 한 전자이기 때문이라고 제안했다.

보기를 들어, 창조라고 하는 태초의 일막(一幕)을 생각해보자. 혼돈과 대폭발의 잿더미 속으로부터 단 하나의 전자가 만들어졌다고 하자. 이것은 또 하나의 대변혁의 날, 시간의 끝이나 최후의 심판의 날에 도달할 때까지 수십억 년의 긴 시간을 외로이 시간에 순행하여 움직인다. 이 충격적인 경험이 이번에는 전자의 운동 방향을 바꾸어 시간에 역행하게 한다. 이 전자가 대폭발에 다시 도달하면, 그 운동 방향은 다시 한 번 바뀌게 된다. 이 전자는 많은 다른 전자로 갈라지지 않으며 대폭발과 심판의 날 사이에서 한 전자가 탁구공처럼 튕기며 앞뒤로 움직일 뿐이다. 그래서 대폭발과 심판의 날 사이에 있는 20세기의 사람들은 수많은 전자와 반전자를 관측하게 될 것이다. 실제로 우리는 전자가 매우 빈번히 앞뒤로 움직여 가며 오늘날 우주의 모든 전자를 만들었다고 생각할 수 있다. 물론, 공간을 앞뒤로 움직이는 물체는 자신의 복사판을 만들지 못한다. 그러나 그것이 시간에 대해서 앞뒤로 움직이면 자신과 똑같은 복사판을 많이 만들 수가 있다. 영화 〈백 투 더 퓨처〉의 마지막 장면을 상기해보라. 거기서 주인공이 자신이 타임머신을 타는 것을 보기 위해 현재로 돌아갔을 때 거기에는 주인공의 두 상이 있었다. 원칙적으로는 시간 왕복의 이 효과는 임의의 횟수만큼 반복될 수 있기 때문에 현시점에서 복사판을 무한히 많이 만들어낼 수 있다.

만약 이 이론이 맞다면, 내 몸과 당신 몸속에 있는 전자들은 단지 내 전자가 당신 것보다 수십억 년 더 오래된 전자일 뿐이라는 차이밖에는 없다. 그리고 그 이론이 정확하다면 화학의 근본원리의 하나인 '모든 전자는 같다'라는 사실을 설명하게 해준다(이 이론의 현대적인 표현은 우주는 단일 끈으로 이루어져 있다는 것이다).

그런데 정말 휠러의 이론은 우주의 모든 물질의 존재에 대해서 설명하고 있는가? 물질이 정말 시간을 역행하여 반물질이 될 수 있는가? 이 질문에 대한 대답은 형식적으로는 '그렇다'이다. 그러나 QED에 따르면 시간을 순행하는 물질과 역행하는 반물질을 구분할 어떤 실험도 존재할 수 없다. 이 말은 결국 유용한 정보는 시간에 거슬러서 전달될 수 없다는 것을 의미한다. 만약 우리가 어떤 반물질 덩어리가 우주에 떠다니는 것을 보게 되면, 그것은 미래에서 온 것일 것이다. 그러나 이 반물질을 이용해 신호를 과거로 보낼 수는 없다.

이것은 당신이 어제의 주식시장에 가서 100만 달러 주식투자를 하는 것이다. 당신이 태어나기 전의 당신 부모를 만나는 것은 있을 수 없다는 것을 의미한다. 유용한 정보는 시간에 거슬러 보내질 수 없고 결국 시간 여행이라는 가능성은 배제되어야 한다.

### ♦ 거울 우주

앨리스가 이상한 나라를 봤을 때, 그녀의 뒤에 별들로 수놓아진 좌우가 바뀐 우주가 제일 먼저 보였다. 그 세계에서는 모든 사람이 왼손잡이였고 이들의 심장은 이들의 오른쪽에 위치했으며, 시계는 반시계방향으로 가고 있었다.

그런 세계가 있다는 것만큼이나 이상한 이야기지만 물리학자들은 오랫동안 그런 좌우가 바뀐 우주가 물리적으로 가능하다고 생각해왔다. 가령 뉴턴, 맥스웰, 아인슈타인, 슈뢰딩거 방정식은 모두 그것을 거울로 변환시키더라도 똑같다. 방정식이 왼쪽과 오른쪽을 구별하지 못한다면, 그 두 우주는 물리적으로 모두 가능한 것이다.

'패리티 보존(保存)'이라고 불리는 이 원리는 파인먼이 제시한 간단한 보기로 쉽게 설명할 수 있다.

우리가 다른 행성의 사람과 통신망을 막 완공했다고 생각하자. 우리는 그들을 볼 수는 없지만, 그들의 언어를 해독해서 전파를 통해서 대화할 수 있다. 외계와의 접촉에 흥분되어 우리는 우리의 세계를 그들에게 설명하기 시작한다. 우리는 질문한다. "당신은 어떻게 생겼나요? 우리는 머리가 하나, 팔이 둘, 다리가 둘입니다." 그들이 대답한다. "우리는 촉수가 둘 머리가 둘입니다." 재빨리 우리는 우리의 세계를 그들에게 설명하기 시작하고 그들은 우리가 얘기하는 모든 것을 이해한다.

모든 것이 순조롭다. 다음의 얘기를 하기 전까지는 말이다.

"…그리고 우리는 몸의 오른쪽에 심장을 갖고 있습니다."

이것이 그들은 혼란하게 했다.

그들이 대답한다. "우리는 혼란스럽다. 우리는 '심장'의 의미를 이해한다. 우리는 그것이 3개나 있다. 그런데 '오른쪽'은 무슨 뜻인가요?"

"이것은 쉬운 일이다"라고 우리는 혼잣말로 중얼거리며 "당신도 알다시피, '오른쪽'이란 '오른손'이 있는 쪽을 말합니다"라고 대답한다.

여전히 그들은 이해하기 힘들다는 듯이 대답한다. "우리는 손의 개념을 이해합니다. 우리는 더듬이가 2개 있습니다. 그런데 오른쪽 더듬이가 어느 것입니까?"

우리는 말을 더듬기 시작한다. 잠깐 생각한 후 "만약 당신이 당신 몸을 시계 방향으로 돌리면 당신의 몸은 오른쪽으로 움직인다"라고 대답한다.

낭패한 목소리로 그 우주인은 "우리는 돌린다는 말을 이해합니다. 그런데 '시계방향'이란 무슨 뜻입니까?"라고 묻는다.

역시 낭패한 목소리로 "당신은 위와 아래의 의미를 아십니까?"라고 묻는다.

그들이 대답한다. "물론, 위란 우리 혹성의 중심에서 벗어나는 쪽이고, 아래란 중심을 향한 쪽입니다. 우리는 위아래를 이해합니다."

여기에 우리는 "시곗바늘이 위를 가리키게 된 후 시계 방향, 즉 오른쪽으로 움직입니다"라고 답한다.

여전히 "우리는 위를 이해하고, 시계도 이해합니다. 그러나 여전히 '오른쪽'이나 '시계 방향'이라는 말은 이해하지 못하겠습니다"라고 대답한다.

이 말에 뒤집힐 것 같아져, 최후의 시도를 한다. "만약 당신이 북극점에 앉아 있으면 당신의 행성은 시계 방향으로 돕니다. 그러면 그것은 오른쪽으로 돌고 있는 것입니다."

그들이 대답한다. "우리는 극점을 이해합니다. 그런데 남극점과 북극점을 어떻게 구분합니까?"

결국 우리는 손을 들고 만다!

이 이야기의 목적은 물리학자들은 한때 라디오만 가지고서는 '왼쪽'과 '오른쪽'을 구분할 수 없다고 생각했다는 것을 보여주려는 것이다. 패리티 보존법칙이라고 불리는 이 법칙은 왼손잡이와 오른손잡이의 세상이, 알려진 어떤 원리도 깨지 않고 가능하다는 것으로 물리학에서 애지중지하는 법칙이다.

이런 견해는 1956년에 지금은 스토니브룩의 뉴욕주립대학에 있는 프랭크와 지금은 컬럼비아대학에 있는 중국계의 젊은 물리학자 T. D. 리(T. D. Lee)가 약한 상호작용에서 패리티가 보존되지 않는다는 것을 증명하면서 무너지게 되었다. 역시 컬럼비아대학의 C. S. 우(C. S. Wu) 교수에 의해 코발트60 원자붕괴에서 방출되는 전자들이 한쪽으로만 스핀을 갖고 있다는 것을 보임으로써 그들의 이론을 실험적으로 검증하게 되었다.

실험의 결과가 알려지자 물리학자들은 충격을 받았다. 이 소식을 들은 파울리는 "신은 실수를 했다!"라고 소리쳤다.

온 세계의 물리학이 왼손잡이 우주와 오른손잡이 우주를 구분할 수 있다는 것을 증명해 보인 양과 리의 이론에 몹시 동요되었다. 이들의 이론만큼이나 불가사의하게도 실험의 결과는 결정적이었고 1957년에 노벨상을 수상했다.

리와 양의 결과를 안 후, 우리는 마이크 앞에 되돌아가 외계인에게 얘기한다 "이젠 됐습니다. 코발트60을 많이 준비하고 자기장을 걸어서 전자가 방출하는 쪽이 북쪽입니다. 당신이 북쪽의 의미를 알면, 시계방향이나 오른쪽의 의미를 이해할 수 있을 것입니다."

외계인이 대답한다. "우리는 코발트60이 뭘 말하는지 안다. 그것은 핵 안에 60개의 양성자를 가진 원소이다. 우리는 이 실험을 할 수 있다."

결국 리와 양의 선구적인 업적으로 왼쪽과 오른쪽의 개념을 전달할 수 있게 되었다.

나중에 우리가 그 외계인이 있는 행성까지 갈 수 있게 된다고 하면 우리는 미리 그 역사적 현장에서 오른손과 오른더듬이로 악수하기로 서로 약속한다. 그날이 와서 우리는 결국 만나게 되어 우리의 오른손을 내민다. 갑자기, 우리는 그 외계인들이 그들의 왼쪽 더듬이를 내밀었다는 것을 알아차린다.

순간적으로 우리는 여기에는 심각한 실수가 있었다는 것을 알아차린다. 이 외계인들은 반물질로 이루어져 있다! 이제까지 계속 우리는 반물질로 이루어진 외계인과 얘기하고, 그들은 또 반코발트60으로 실험을 하고 북쪽이 아닌 남쪽으로 향한 반전자의 스핀을 측정한 것이다.

그 순간 우리에게 소름끼치는 생각이 스쳐 지나간다. 만약 우리가 외계인의 왼손과 악수하면 우리들은 서로 물질-반물질 충돌로 모두 사라져 버리게 될 것이기 때문이다!

## ♦ CP의 붕괴

1960년대까지는 비록 패리티는 깨어졌지만 아직 희망은 있었다. 반물질로 만들어지고 거울로 변환된 우주는 여전히 가능했다. 우주의 방정식은 CP 뒤바꿈에 의해서는 변하지 않는다고 믿었다(C는 물질을 반물질로 바꾸는 '전하변환'을, P는 '패리티 변환'을 의미한다).

그래서 미리 그 외계인이 물질로 또는 반물질로 이루어졌는지 알지 않는 이상 여전히 왼쪽과 오른쪽을 전파를 통한 대화만으로는 이해시킬 수 없었다.

그러나 1964년 브룩헤이븐의 국립연구소에서 V. L. 피치(V. L. Fitch)와 J. W. 크로닌(J. W. Cronin)은 CP마저 어떤 중간자의 붕괴에서 깨어진다는 것을 보였다. 이것은 우주의 방정식이 물질과 반물질의 교환과 왼쪽과 오른쪽의 뒤바꿈을 동시에 해도 바뀌는 것을 말한다.

처음에는, CP 붕괴 소식에 모두들 실망했다. 그것은 우주가 본래 생각하던 것보다 덜 대칭적이라는 것을 의미하기 때문이었다. 비록 이것이 어떤 중요한 이론의 반증을 들지는 않으나, 자연은 물리학자가 추측하는 것보다 더 이상하게 우주를 만들었다는 것을 의미하는 것이었다.

그러나 오늘날 대통일이론은 CP 붕괴가 표면상 불행한 것처럼 보이지만 실제로는 아주 다행스러운 것이라고 말한다.

우주의 기원에 대한 이론들은 모두 왜 우리들은 똑같은 양의 물질과 반물질을 보지 못하는가에 대한 설명을 하려 한다. 비록 물질과 반물질을 하늘에서 구분해내는 것이 쉽지는 않지만 천문학자들은 눈에 보이는 우주에서는 반물질의 양이 무시될 정도라고 믿고 있다.

이런 물질과 반물질의 비대칭을 어떻게 설명할 수 있는가? 왜 물질 이 우리 우주에 지배적으로 많은가?

지난 수십 년간, 이론적 구조로서 물질과 반물질이 보이지 않는 어떤 힘에 의해 서로 떨어져 있다는 것이 가설로 제안되어왔다.

그러나 가장 간단한 이론은 통일장이론에서 얻을 수 있다. 대통일이론과 초끈이론에서는 CP가 붕괴된다. 시간이 시작되는 점에서 CP 붕괴로 인한 물질과 반물질의 약간의 불균형이 존재한다(대략 10억분의 1 정도). 이것은 우주의 물질과 반물질이 대폭발을 통해 서로 소멸하면서 빛을 내지만, 본래 물질의 10억분의 1은 남아 있다는 것을 의미한다. 그러면 이 여분의 물질이 우리의 물리적 우주를 구성하게 되는 것이다.

다시 말하면 우리 몸의 물질은 대폭발 때 물질과 반물질의 소멸에서 타다 남은 화석 같은 것이다. 물질이 존재할 수 있는 것은 통일장이론이 CP 붕괴를 담고 있기 때문이며 CP 붕괴 없이는 우주도 존재할 수 없다!

## ◆ 시간여행

지금까지는 실험적 자료와 잘 부합되는 우주들에 대해서만 논의했다. P와 CP 붕괴는 실험실에서 반복해서 측정할 수 있고 초기우주의 특성을 잘 설명해줄 수 있다.

그러나 일반상대성이론에 의하면 이해하기 어려운 우주도 가능하다. 이런 것들 중의 몇몇에서는 시간여행이 가능하다.

아인슈타인이 생존해 있을 당시, 그의 방정식에 대한 각각의 풀이들은 우주론의 여러 측면들을 설명하고 예측하는데 엄청난 성공을 거두었다. 가령 슈바르츠실트 풀이는 현대의 블랙홀을 아주 잘 기술하며 노드스트롬-라이스너 풀이는 전하를 띤 블랙홀을 기술한다.

그러나 어떤 풀이는 시간의 의미 자체에 대한 근본적인 의문을 일으켰다. 가령 프린스턴대학의 수학자 K. 괴델(K. Gödel)은 아인슈타인 방정식에서 비인과적인 이상한 풀이를 발견했다. 위의 비인과적 우주에서는 시간이 순환(循環)되고 있어 영사기의 필름이 계속 다시 도는 것처럼 시간이 무한히 순환된다.

아인슈타인 자신도 괴델 이론의 놀라운 의미를 인식했다. 1949년 2월 아인슈타인은 괴델의 이론은 정말 이상하며 스스로는 완전히 대답할 수 없는 의문을 제시했다고 썼다. 그는 "나의 견해에 의하면, 일반상대성이론, 특히 시간의 개념에 대한 분석에 중요한 기여를 하고 있다. 그 문제는 내가 일반상대성이론을 구성할 당시 나를 괴롭혔던 것이며, 그것을 명확히 하는 데는 실패했다"[12]라고 썼다.

비록 아인슈타인은 괴델의 풀이를 완전히 풀어 헤치지는 못했지만, 그는 자신의 의구심을, 즉 그것들이 어떤 원리를 만족하지 않기 때문에 버려질 수 있는지에 대해서 다음과 같이 요약했다. "이런 것들이 물리적으로 정당한지 심사숙고해보는 것은 재미있는 일일 것이다."[13]

1960년 중반 피츠버그대학의 물리학자 E. T. 뉴먼(E. T. Newman)과 T. W. J. 운티(T. W. J. Unti) 및 L. A. 탐보리니(L. A. Tamborini)는 또 다른 일련의 기괴한 풀이를 발견했다. 이들의 풀이는 워낙 불가사의해서 그것이 나오자 곧 NUT 풀이라는 이름이 붙여졌다.

NUT 풀이는 이 기묘한 꼴의 시간여행뿐만 아니라 또 다른 기묘한 시

12) Schilpp, *Albert Einstein: Philosopher-Scientist*, 687.

13) 같은 책.

공의 왜곡도 허용한다. 예를 들어, 책상 둘레를 360도 돈다고 생각하자. 물론, 우리는 출발점으로 되돌아간다. 그러나 나선계단으로 360도 둘레를 돌아간다고 생각해보자. 그러면 본래의 출발점이 아니라 다음 층에 가 있게 된다.

이런 NUT 풀이는 높은 차원에서 계단꼴의 풀이를 허용한다. 이 말은 어떤 항성 둘레를 360도 돌아가면 우리는 출발점으로 돌아가지 않고, 시공의 다른 면에 가 있게 된다는 것이다.

비록 아인슈타인 방정식이 기괴한 시간의 왜곡을 허용하지만, 어느 날 갑자기 지구가 NUT 풀이로 떨어져 우주의 다른 쪽에 가 있을 걱정은 할 필요는 없다. 〈백 투 더 퓨처〉에서 언급했듯이, 시간을 거슬러 가는 것은 불가능하며 여러분이 태어나기 전에 여러분의 어머니와 사랑에 빠지는 일은 있을 수 없다. 이런 NUT 우주들은 비록 존재하더라도 실제로 볼 수 있는 우주의 밖에 있을 것이다. 그들과의 통신은 그들의 빛이 도달할 수 있는 범위 밖에 있기 때문에 불가능할 것이다. 그래서 이런 풀이들을 심각하게 고려할 필요가 없다.

## ♦ 휘어진 시간의 양자보정

1960년에는 괴델과 NUT 우주를 무시할 수 있었다. 아인슈타인 이론이 그런 기괴한 우주를 가능한 풀이로서 허용한다는 것은 어떤 우연으로 여겨졌다.

그러나 양자이론의 진보와 더불어 모든 것이 혼란스러워졌다. 하이젠베르크의 불확정성원리에 의하면, 비록 작은 확률일지라도 양자도약으로 인해 그런 풀이들이 가능한 것으로 바뀔 수 있다. 그래서 양자역학은 이런 많은 이상한 풀이들을 다시 도입했다. 그러나 아인슈타인 이론의 양자보정은 믿을 수 있는 계산을 할 수 없어서 아직 모든 것이 궁핍한 단계이다. 여러 가지 점에서 확실하게 얘기할 수 있는 것은 아무것도 없다.

초끈이론의 발달로 단순한 추측은 배제되고 원리적으로, 모든 양자효과는 이제 전부 계산할 수가 있다. 양자역학은 우리가 다른 우주로 떨어질 가능성에 대해, 시간여행을 하다가 아인슈타인 방정식의 이런 기교한 풀이로 인해 '다리'나 다른 우주로 떨어지는 확률에 대해, 시간여행이 가능한 풀이 가운데에서 어떤 것을 배제시키고 배제시키지 않을 수 있는지에 대해 대답을 할 수 있다.

초끈에 의한 흥분은 여전히 새로운 것이며, 아직 아무도 이런 양자보정을 계산해보지 않았다. 앞으로 이들 양자보정이 실제로 얼마나 클지 조사하는 것은 꽤 흥미 있는 일일 것이다.

## ◆ 모든 것은 무로부터?

수년 동안 물리학자들을 우주 전체가 무(즉, 물질이나 에너지가 없는 순수시공)로부터 양자전이에 의해 만들어질 수 있지 않을까 생각했다.

순수시공으로부터 무언가를 창조해낸다는 생각은 제2차 세계대전으로 거슬러 올라간다. 물리학자 G. 가모는 그의 자서전 〈*My World Line*〉에서 처음 그가 이 괴상한 이론을 아인슈타인에게 얘기했을 때에 대해서 쓰고 있다. 한번은 프린스턴 거리를 아인슈타인과 산책하고 있을 때 가모가 우연히 양자물리학자 P. 요르단(P. Jordan)의 생각을 언급했다. 별은 그 질량 때문에 분명 에너지를 가지고 있다. 그러나 우리가 그 중력장 안에 갇힌 에너지를 계산하면 음이라는 결과를 얻는다. 그러니 전체 에너지는 실제로 영일 것이다.

'그러면 진공에서 활활 타고 있는 별로의 양자전이를 막는 것은 무엇인가'라고 요르단은 질문했다. 별은 전체적으로 영의 에너지를 가지므로 그것이 무로부터 창조되었다고 해도 에너지 보존의 법칙에는 위배되지 않는다.

가모가 이런 가능성을 아인슈타인에게 언급했을 때, "아인슈타인은 갑자기 걸음을 멈췄다. 그때 우리는 횡단보도를 건너고 있었기 때문에, 많은 차들이 멈춰 서 있어야만 했다"[14]라고 가모는 회고했다.

1973년, 헌터대학의 E. 트라이언(E. Tryon)은 별에 관한 이런 초기 이론과 독립적으로, 우주 전체가 순수 시공으로부터 만들어질 수 있다고 제

---

14) George Gamow, *My World Line*, quoted by John Gribbin, *In Search of the Big Bang*, (Bantam Books, 1986), 374.

안했다. 실제로 실험적으로 우주 전체의 에너지는 영에 가까운 것 같다. 우주 전체가 진공에서 완전히 성장한 우주로의 마구잡이식의 양자도약, 즉 '진공 흔들림'에 의해 만들어졌다면 어떤가? 라고 트라이언은 논의한다.

인플레이션 이론을 개척하고 있는 물리학자들은 이런 무로부터의 우주 창조의 생각을 아무리 그것이 순이론적일지라도 아주 심각하게 고려해왔다.

이 '모든 것이 무로부터' 이론은 초끈이론과 어떤 관계가 있는가?

앞에서 보았던 것처럼 초끈이론은 우리 우주는 본래 불안정한 10차원 우주로 시작하여 4차원으로 붕괴된다는 것을 예측하고 있다. 뒤이어 이 큰 변화가 결국 대폭발을 만들어냈다. 그리고 만일 '모든 것은 무로부터' 이론이 사실로 판정이 된다면 본래의 10차원 우주는 영의 에너지로부터 시작되었다는 것을 의미한다.

현재로서는 초끈이론가들은 어떻게 10차원 우주가 4차원 우주로 떨어질 수 있는지 수학적으로 정확히 계산하지 못하고 있다. 문제가 복잡한 양자역학적 효과와 관련되어 있으며 여기에 이용되는 수학은 대부분의 물리학자의 능력 밖에 있다. 그러나 문제 자체는 수학적으로 잘 정의 되어 있어서, 이것이 풀리는 것은 단지 시간문제이다. 일단 어떻게 10차원 우주가 4차원 우주로 떨어지는지를 이해하게 되면, 본래의 10차원 우주에 저장된 에너지를 계산할 수 있을 것이다. 만약 10차원 우주의 에너지가 영이면, 이것은 '모든 것은 무로부터' 이론을 지지하는 것이 된다.

## ♦ 초끈과 시공

시간여행…, NUT…, 모든 것은 무로부터…. 이런 것들은 일반상대성 이론의 비주류이다. 1940년과 1950년의 아인슈타인은 그의 방정식의 기괴한 풀이들을 '물리적 근거에 의해 배제'라는 말로 버릴 수 있었다. 그 후에도 다른 회의적인 과학자들은 이러한 이상한 생각들을 다른 이유, 인과율이 깨어지는 우주와 통신할 수 없다는 이유로 이것들을 버렸다. 그러나 이런 모든 것들은 생각하기 나름이었다.

비인과적인 우주가 양자중력 이론에서 나타나는가? 블랙홀은 다른 우주로의 통로인가? 초끈이론이 우리를 흥분시키는 것은 그것이 아인슈타인 이론의 많은 양자보정을 최종적으로 계산할 수 있게 하고, 이런 질문에 대한 답을 줄 수 있다는 것에 있다. 비록 수학은 난해하지만 원리적으로는 모든 요소를 조심스럽게 측정하고, 이전보다 사변적인 생각을 최종적으로 해결하기 위해 필요한 재료는 모두 가지고 있다.

모든 대답들이 아직 주어진 것이 아니고, 초끈이론 연구에 앞으로 많은 할 일이 남아 있다. 아마 이 책을 읽는 젊은 독자들이 우주의 방정식에 대한 거시적 탐구에 자극을 받게 되어 이런 문제들을 해결할 수 있게 될 것이다.

# 11. 아인슈타인을 넘어서

가장 멀리 있는 별 저편에는 무엇이 있을까?

우주는 어떻게 창조되었을까?

'시간의 시작' 전에는 무슨 일이 일어났을까?

사람들은 처음 하늘을 보고 수많은 별들의 아름다운 광채에 경탄한 이후로 이런 영원한 물음에 답하기 위해 머리를 짜왔다.

초끈 혁명에 의해 일어난 흥분의 핵심은 어쩌면 우리가 이런 물음에 대해 최종적인 결론을 내려 답을 현실화할 수 있다는 것이다. 이것은 우리가 그리스인을 수천 년 전부터 쩔쩔매게 했던 물음들에 대한 자세한 수치적 해답을 낼 수 있게 된 시대에 들어와 있다는 것으로, 정말로 놀랄 만한 일이다.

만일 초끈이론이 성공적이라면 우리는 아마도 역사상 가장 위대한 몇몇의 지성들이 기여해온 역사적 과정의 최고점을 목격하고 있는 것인지도 모른다. 만일, 물리학자들이 초끈이론이 완벽하게 중력의 유한한 양자 이론임을 보일 수 있다면 그것은 우주의 통일 이론이 될 유일한 이론일 것이다. 이 일은 1930년 아인슈타인이 중력을 다른 알려진 힘들과 통일시키려고 시작했던 우주 탐구를 종결시키는 일일 것이다.

이는 물론 물리학자들 사이에 엄청난 흥분을 가져왔다. 한때 아름답지만 비실제적인 생각으로 여겨지던 통일 이론은 지난 15년 동안 이론물리학의 주된 테마로서 전개되어왔다. 글래쇼가 말했던 것처럼 물리학에서 각각 떨어져 있는 실오라기들이 이제 우아하고 아름다운 융단으로 짜여지고 있다. 만일 옳다면 초끈이론은 현대물리의 가장 영광스러운 성과일 것이다.

슈바르츠는 "입자물리학은 과학의 다른 모든 가지들과는 다르다. 우리가 묻는 문제는 매우 특별한 것이어서 만일 그 질문의 답을 완벽하게 성공적으로 얻는다면 우리는 입자물리학을 끝낼 수 있을 것이다. 과학의 어떤 다른 가지에서도 그 자신을 끝낼 수 있는 절대적인 가능성은 없다. 화학과 생물학은 그 목표가 하나의 결론을 추구해가는 것은 아니다. 심지어 물리의 다른 가지인 고체물리, 원자물리, 플라즈마와 같은 분야에서도 마찬가지이다. 그러나 입자물리학에서 '우리는 근본법칙을 찾고 있고, 그래서 만일 우리가 찾고 있는 아름다움이 정말로 그 안에 있다면 그것은 모든 이야기를 다 포함하고 있는 간결하고도 아름다운 답일 것이며, 이러한 추정은 전적으로 타당한 것이다"[15]라고 지적했다.

이 말에는 깜짝 놀랄 만큼의 중대한 의미가 담겨 있다. 예를 들면, 역사가들은 수백 년이나 되어 빛바랜 희귀한 문서의 발견을 아주 중요한 일로 생각한다. 이러한 문서들은 우리를 과거와 연결시켜주는 말할 수 없이 중요한 고리이며 여러 세대 전의 사람들이 어떻게 살고 어떠한 생각을 했

---

15) J. 슈바르츠와의 전화 인터뷰.

는지를 보여준다. 고고학자들은 수천 년 된 고대 도시의 폐허 속에서 발굴한 귀한 유물들은 값을 매길 수조차 없는 보물이라고 생각한다. 이러한 유물들은 심지어 선사 시대부터 어떻게 우리 조상들이 그들의 도시를 건설했고 또한 어떻게 그들이 무역과 전쟁을 수행했는지 말해주는 것이다. 지질학자들은 수백만 년 동안 깊은 땅속에서 굳어져 만들어진 보석들의 아름다움에 경탄한다. 바위들은 우리에게 초기 지구에 대한 귀중한 단서를 주고 대륙의 모양을 만든 화산활동을 설명하는 데 도움을 준다. 천문학자들은 그들이 강력한 망원경으로 하늘을 탐구하려 할 때, 그 별들로부터 오는 빛이 수십억 년 전의 것이라는 데 경외심을 품게 된다. 이 고대의 빛은 천문학자들에게 별이 젊었을 때 우주가 어떻게 생겼는지 이해하는 데 도움을 준다.

그러나 물리학자들에게 초끈이론은 역사학적 선사 시대보다도 지질학적 선사 시대보다도 또는 심지어 천문학적 선사 시대보다도 더 긴 시간 주기에 대해서 연구하게 한다. 믿을 수 없을 정도로 초끈이론은 우리를 '시간의 시작', 즉 우주에 존재하는 모든 힘들이 완벽하게 대칭적이며 초력(超力)으로 통일되었던 시대까지 연결시켜준다. 초끈이론은 아마 우리의 존재 한가운데 있으면서 모든 인류의 경험 저편에 있는 현상들에 관한 물음의 풀이를 줄지도 모른다.

### ◆ 대칭성과 아름다움

놀랍게도 우주는 처음 생각했던 것보다도 훨씬 더 단순하다는 사실이 계속 발견되고 있다. 어떤 의미로는 우리는 순환하고 있다. 뉴턴 이전의 과학자들은 우주는 완전한 질서와 구조를 갖고 있다고 믿었다. 그러나 상대성이론과 양자역학이 탄생하기 전 혼돈이 거듭되던 1800년경에 물리학은 혼란스럽고 혼돈스러워서 전혀 희망이 없는 것처럼 보였다. 이제 우리는 비록 전보다 더 높은 수준의 그리고 더 복잡한 방식이지만 원래 대로 우주는 질서정연하다는 생각으로 돌아오는 것 같다.

초끈이론으로부터 대칭성이 물리학에서 중심 역할을 한다는 것을 볼 수 있다. 한편으로는, 대칭성만으로 물리법칙을 끌어내기엔 부족하다는 것을 인식한다. 그러나 한편 어떤 과학자들은, 물리적 증거에 기초한 아름다움이 이론물리학자에 의해 선택되어 놀랍도록 정확한 안내자 구실을 해왔다고 생각한다. 슈바르츠가 "역사적으로 아름다움은 우리가 이론물리학에서 근본적인 수준의 연구를 하고 있을 때 훌륭한 구실을 해왔다. 아마도 생물학에서는 그렇지 않겠지만, 우리가 가장 깊은 수준에서 근본적인 물리의 구조를 얻으려 할 때, 아무도 이해하지 못하는 이유에 의해서 그 계획이 우아하고 단순하면 할수록 우리는 더 많은 성공을 거두는 것 같다. 뉴턴까지 거슬러 올라가는 지난 200년 내지 300년간의 물리학의 역사는 그것을 분명하게 보여준다"[16]라고 한 것처럼 말이다.

자연은 원래 우리가 생각했던 것보다 더 정교하며 더 단순한 구조를 갖고 있다는 것이 발견되고 있다. 비록 사용하는 수학의 수준은 현기증이 날 만큼 높지만 대응되는 물리는, 모든 사람들이 입자가속기에서 쏟아져 나오는 혼란스러운 자료에 대해 생각하며 기대했던 것보다 훨씬 더 단순하다.

더욱이 자연은 전보다 더 일관성 있어 보인다. 전에는 보통 사람들이 현대 물리의 첨단적 사고방식을 알기 위해서는 블랙홀, 레이저, 쿼크, 양자역학, 전기역학 등에 관한 책을 읽어야 했다. 이러한 정보의 폭증은 모든 초보자들에게 혼란만 가중시킬 것이다. 설상가상으로 젊은 물리학도들이 물리학의 최근 경향을 알려면 적어도 20권의 책을 소화해내야 한다. 그러나 이제는 많은 책에 들어 있는 기본적인 개념들을 몇 개의 가시적이고 회화적인 용어로 요약시켜 전 분야에 대해 이해하기 쉽고 일관성 있는 접근방법을 제시하는 책을 쓸 수 있게 되었다.

그런데 아마도 지난 수십 년간의 물리학에 있어 가장 위대한 교훈은 자연이 대칭성을 단지 물리적인 구조를 세우기 위한 수단으로 선택한 것이 아니라 반드시 있어야 한다는 것이다. 양자역학과 상대성이론을 결합시킬 때 이상량, 발산량, 타키온(빛보다 빠른 입자), 고스트(음의 확률을 갖는 입자) 및 그 밖의 여러 문제들을 해결하기 위해 아주 많은 양의 대칭

---

16) 역시 전화 인터뷰.

성이 필요하였다.

간단히 말하면 초끈 모델은 지금까지 물리학에서 발견되었던 이론 중에 가장 많은 대칭을 갖고 있기 때문에 제대로 구실을 할 것이다. 점 대신에 끈에 기초한 이론을 만들 때 자연스럽게 나타나는 이 가장 큰 대칭은 이상량과 발산량을 제거하기에 충분하다.

어떤 의미에서 이것은 재규격화이론에 대한 디랙의 반대 의견에 대한 하나의 풀이를 제시한다. 그는 무한대의 문제를 감추기 위해 파인먼이나 다른 사람들이 고안해낸 교묘한 기술을 쉽사리 받아들일 수 없었다. 그는 재규격화이론이 매우 인위적이고 부자연스럽다는 것을 알았기에 그것이 자연의 근본적인 원리라고 믿을 수 없었다. 장난꾸러기이며 아마추어 마술사인 파인먼은 모든 계층의 모든 물리학자들의 눈을 가렸던 것일까?

초끈이론은 재규격화가 전혀 필요 없기 때문에 디랙의 반대의견에 대한 하나의 풀이를 제시한다. 원래부터 그 이론 안에 있던 아주 많은 대칭성 때문에 모든 파인먼 올가미 도식이 유한한 값을 갖는다.

상대성이론과 조화를 이루는 여러 가지 우주 모델들을 만들 수 있다. 마찬가지로, 양자역학의 법칙을 따르는 많은 우주들을 상상할 수 있다. 그러나 이 두 가지를 함께 생각하면 아주 많은 발산량, 이상량, 타키온 등이 생겨 아마도 하나의 풀이만이 가능할 것이다. 어떤 물리학자들은 이 마지막 풀이가 초끈이라는 데 기꺼이 큰 돈을 걸고 있다.

## ♦ 추리소설처럼

초기의 원시적인 출발로부터 오늘날의 초끈이론에 이르기까지의 통일장이론의 발전사는, 어떤 의미에서 좋은 추리소설에서 볼 수 있는 사건의 뜻밖의 전개나 역전 등과 닮은 점이 있다.

추리소설처럼 그 발전사도 뚜렷한 단계를 거쳐 진행한다. 첫 단계에서는 주인공들이 소개된다. 물리학에 있어 이 시기는 수백 년에 달하는 아주 긴 시간이 걸렸는데 그 이유는 주로 연구 방향이 불분명했기 때문이다. 반면에 살인사건을 다루는 추리소설에서는 죄에 대한 명백한 정의가 있다. 물리학에서는 1930년대 아인슈타인만이 물리학이 나아갈 방향에 대해 분명한 시각을 가졌고, 그는 거의 혼자 연구했다. 더욱이 그는 주인공 중의 하나인 핵력에 대한 중요한 정보도 없었다.

두 번째 단계에서는 여러 인물들을 그 범죄에 결부시켜 우리에게 범인이 누구인가에 대한 첫 번째 단서를 주는 여러 형태들이 나타난다. 물리학에서는, 물리학자들이 강한 상호작용에서 SU(3)를, 약한 상호작용에서 SU(2)를 찾아냈던 1950년대와 1960년대에 있었던 혼란스럽지만 꾸준한 발전이 이에 해당한다. 리 군(Lie group)은 여러 항들을 설명하기에 적당한 형식임이 밝혀졌지만 그들의 기원이나 목적에 대해 이해하지 못했다. 쿼크 모델이 제시되었으나 그들이 어디에서 왔으며 그들을 묶는 것이 무엇인지에 대해 이해하지 못했다.

세 번째 단계에서 몇몇 인물들을 범죄에 결부시키는 분명한 이론들이

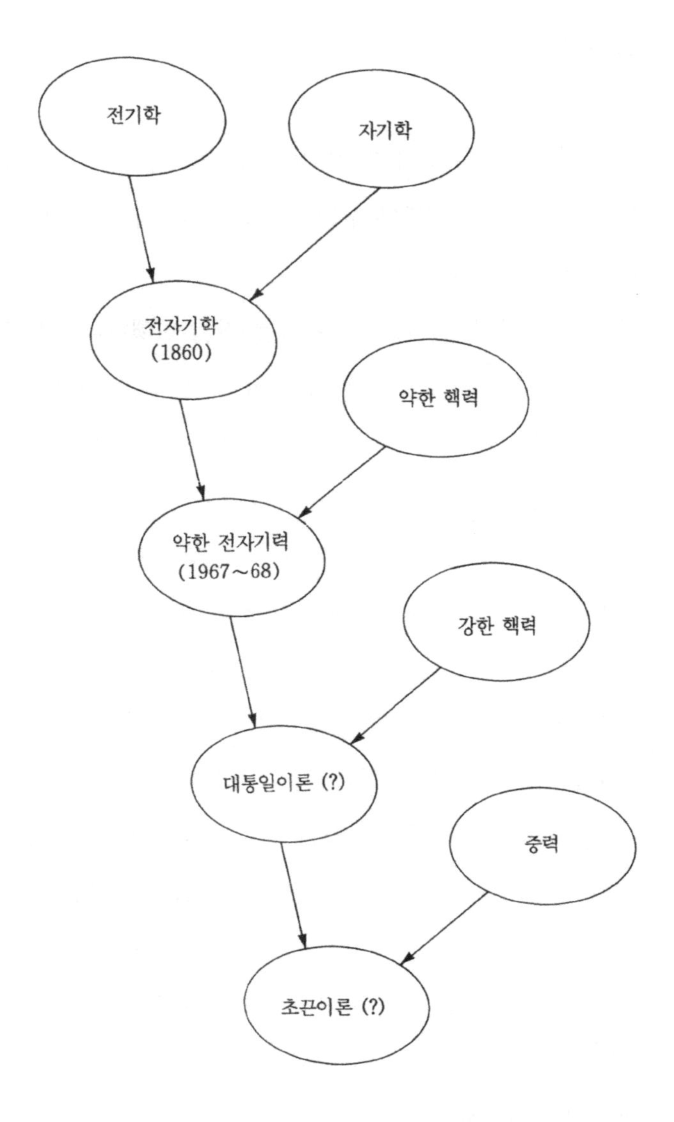


이 도표는 통일장이론 전개의 역사적 순서를 표시한 것이다. 1860년에 전기와 자기를 전자기력으로 통합할 수 있다는 맥스웰의 발견에서부터 시작되었다.

제시되었으나, 이때부터 많은 시행착오들이 시작되었고 반전들이 일어난다. 물리학에서는 게이지 대칭이 강한 상호작용, 약한 상호작용 및 전자기 상호작용을 통일하는 기본틀임이 분명하게 보여졌던 1970년대가 이에 해당한다. 그러나 그곳에서 오류가 시작되었다. S-행렬이론은 양자장이론의 대용으로 제시되었고 결국 끈이론이 탄생하는 데 도움을 주었다. 그러나 끈이론의 의미를 완전히 잘못 이해하여 이 기간 동안에는 버려져 있었다.

네 번째 단계에서, 단서들이 제자리를 잡고 마지막 결론이 도출된다. 물리학에서는 초끈이론이 상대가 없을 만한 이론으로서 부각된 지난 몇 년이 이에 해당한다. 비록 실험적인 상황은 전무하지만, 과학자들은 초끈이론이 우리가 오랫동안 찾아왔던 통일장이론이라고 믿을 만한 충 분한 호소력 있는 많은 이론적 결과들을 가지고 있다.

## ♦ 최고수 되기

만일 살인 추리가 정말로 풀려버렸다면, 이것은 실제로 물리학자들이 자신의 일을 손에서 놓는다는 것을 뜻하는 것일까?

글래쇼가 말한 다른 행성에서 온 방문자의 비유를 생각해보자. "아서는 먼 별로부터 뉴욕시의 워싱턴스퀘어에 도착한 지능 있는 외계인인데, 두 괴짜 노인의 체스 게임을 보고 있다. 호기심이 강한 아서는 자신에게 두 가지 임무를 부여한다. 게임의 규칙을 배우는 것과 최고수 되기. 입자물리학자들의 임무는 첫 번째 임무와 유사하다. 게임의 규칙을 완전히 잘 알고 있는 고체물리학자들은 두 번째 임무에 직면해 있다. 화학, 지질학 및 생기론 몰락 이후의 생물학을 포함한 대부분의 현대 과학은 두 번째 부류이다. 규칙이 부분적으로만 알려진 것은 입자물리학과 우주론뿐이다. 이런 두 종류의 노력은 모두 다 중요하다. 하나는 더욱 현실에 관련이 있는 분야이고 다른 하나는 보다 더 근본적인 것을 추구하는 분야이다. 쌍방 모두가 사람의 지성에 의한 광대한 도전이다."[17]

예를 들면, 분자 생물학을 이용하여 세포핵의 내부구조를 살피는 암 연구가를 생각하자. 물리학자가 그에게 아주 정확하게 DNA 분자 안에 있는 원자를 지배하는 기본원리가 완벽하게 이해되었다고 말한다면, 그는 그 정보가 사실이라는 것을 알게 될 것이다. 암을 정복하는 연구에는 아무런 쓸모가 없다는 걸 발견할 것이다. 100만조의 100만조 개나 되는 원자와 연관된 세포생물학의 법칙연구에 기초한 암치료는 현대의 어떠한 컴퓨터로도 풀 수 없을 만큼 큰 문제이다. 양자역학은 단지 분자 화학을 지배하는 보다 큰 법칙을 조명해줄 뿐이지, DNA 분자나 암에 관해 슈뢰딩거 방정식이 만들어낸 어떤 유용한 명제도 컴퓨터를 동원한다고 해도 풀기엔 너무나 크다.

---

17) Sheldon Glashow and Leon Lederman, "The SSC: A Machine for the Nineties," *Physics Today*(March 1985): 32.

양자역학이 원리적으로는 모든 화학 문제들을 풀 수 있다고 하는 것이 모든 것을 말해준다고는 하나 실제로는 아무것도 말해주고 있지 않다. 이것은 모든 것을 말한다고 하는 것은 실제로 양자역학이 원자물리학의 바른 언어이기 때문이다. 그러나 이것은 아무것도 말하지 않는다. 왜냐하면 이 지식들 자체만으로는 암을 치료할 수 없기 때문이다.

글래쇼가 말하는 것처럼 통일장이론은 단순히 우리에게 게임의 규칙만을 설명한다. 그러나 우리에게 어떻게 최고수가 되는지는 가르치지 않는다.

그래서 초끈이론이 모든 힘을 하나의 걸맞은 이론으로 묶는다는 말은, 물리가 끝난다는 말을 의미하진 않는다. 오히려 연구에 광대한 새 영역을 열어주는 것이다.

## ♦ 별들의 문턱에서

무엇이 오늘날 물리학에 있어서 진정으로 놀랄 만한 것인가 하는 것은 우리가 시간의 시작에 대해 어느 정도 확신하고 있다는 것이지만, 반면 종(種)과 같이 우리는 아직 기술적으로 미숙하고 이제 막 이 행성의 중력이라는 감옥을 부수고 자유롭게 벗어나기 시작하고 있다. 우리는 확실히 G. 브루노의 시대부터 지식적인 면에서는 확실히 긴 여정을 걸어왔다. 그는 1600년에 "태양은 보통 별과 다를 것이 없다"라고 말해 교회로부터 화형을 당했다. 그러나 기술적인 척도에서 보면, 우리는 이제 막 태양계 안의 가장 가까운 별을 탐험하기 시작하는 유아기에 들어섰다. 우리의 최대의 로켓으로 태양의 중력을 가까스로 탈출할 수 있다. 심지어 역사상 가장 위대한 과학적 계획(60억 달러의 SSC)조차도 기껏해야 대통일이론이나 초끈이론의 표면을 살짝 건드리는 정도일 뿐이다.

그러나 이런 과학기술의 비교적 원시적인 상황을 고려해보면 획기적인 것은 우리가 주로 대칭성의 막강한 힘을 이용하여 시간의 기원 자체에 대해 언급해왔다는 것이다. 진화의 시간적인 척도에 의하면 우리가 숲을 떠난 이후로 약 200만 년 정도 지난 것이다(이것은 눈 깜짝할 사이밖에 안 된다). 그러나 우리는 이미, 수십억 년 전인 태초에 일어났던 사건들에 대해 조심스럽게 믿을 만한 발언들을 하고 있는 중이다. 우리들은 오로지 그것들의 정리방법에 대한 광대한 수단을 갖추고 있는 더욱 진보된 문명만이 통일장이론을 발견해낼 가능성이 있을 것이라고 기대해오고 있다. 예를 들면, 천문학자인 N. 카르다셰프(N. Kardashev)는 진보된 문명의 세 가지 형태를 다음과 같이 제시하고 있다.

**형태 Ⅰ**: 행성 전체의 에너지 자원을 조절한다.

**형태 Ⅱ**: 다른 별의 에너지 자원을 조절한다.

**형태 Ⅲ**: 은하 전체의 에너지 자원을 조절한다.

이러한 기준에서 볼 때, 기술적으로 우리는 형태 I의 문명을 달성하려는 문턱에 와 있다. 진정한 형태 I의 문명은 오늘날 우리가 가진 과학기술을 넘어서는 위업을 이룩할 것이다. 예를 들면, 형태 I은 날씨를 예측할 뿐만 아니라 조절할 수도 있을 것이다. 또 형태 I의 문명은 허리케인의 힘을 동력화해서 사하라 사막에 꽃이 피게 하고 강물의 물줄기를 바꾸며, 바다에서 곡식을 수확하기도 하며, 또한 대륙의 모양조차도 바꿔 놓을 수 있을 것이다.

대조적으로, 현시점에서 우리는 우리의 기술로, 행성 전체는 놔두고, 간신히 자기 나라의 에너지원을 관리하고 있을 뿐이다. 그러나 기술개발의 빠른 기하급수적인 발전으로 우리는 수백 년 이내에 형태 I로 그리고 우리 행성의 힘의 진정한 주인이 될 것이다.

태양의 힘을 실용화하고 마음대로 조절할 수도 있는 형태 II인 문명으로의 발전은 수천 년이 걸릴 것이고 과학기술의 기하급수적 성장에 기초하게 될 것이다. 형태 II의 문명은 또한 태양계 전체 및 몇몇 가까운 행성들을 식민지화할 것이며, 그리고 태양계의 가장 거대한 에너지원인 태양의 에너지를 마음대로 조절할 수 있는 거대한 기계를 만들기 시작할 것이다. 형태 II의 문명이 필요로 하는 에너지는 너무나 커서 사람들은 태양을 채굴해야 될 것이다.

은하계의 에너지원을 모두 동력화할 수 있을 형태 III의 문명은 우리의 상상력의 한계를 넘어설 것이다. 형태 III의 문명은 은하계 사이의 여행 등과 같은, 현재로서 우리가 꿈으로밖에 꿀 수 없는 과학 기술의 극치의 형태일 것이다. 아마도 언뜻 보기에 형태 III의 문명이 어떤 식으로 생겼을까를 가장 잘 알 수 있게 하는 것은 I. 아시모프(I. Asimov)의 Foundation series로 전 은하계를 그 무대로 삼고 있다.

이와 같이 수십억 년에 걸친 기술개발을 통해 얻어진 장래의 전망에서, 뉴턴이 최초의 중력이론을 내어놓은 지 단 300년 동안에 우리가 이렇게 빠른 과정을 통해 기본적인 법칙들을 손에 쥘 수 있었다는 것은 획기적인 일이다.

우리의 유한한 에너지원으로 어떻게 우리의 문명이 결국 형태 I인 문명으로 발전할 것인지, 그리고 통일장이론의 모든 잠재능력을 어떻게 개발해낼 것인지를 상상하기는 어려운 일이다. 그러나 뉴턴과 맥스웰은 그들의 일생에서 아마 단 한 번도 달을 향해 우주선을 띄우거나 거대한 발전소에서 만들어낸 전기로 온 도시를 감싸는 것을 알지 못했을 것이다. 그 당시에 산업과 무역이 너무 원시적이어서 그들의 이론에 내포되어 있던 그런 가능성을 포함한다든가 파악하는 것이 어려웠을 것이다.

운 좋게도 기술개발이 기하급수적으로 진행되었다. 그러나 우리의 두뇌와 상상력은 기하급수적 성장을 이해할 수 없었다. 그것이 바로 공상과학소설이 10년쯤 지난 후 다시 읽혀질 때 항상 괴상하게 보이는 이유이다. 뒷배경을 보면 우리는 그 저자의 상상력이 그 사람 시대의 기술에 한계가 지워져왔음을 볼 수 있다. 공상과학은 조금은 단순히 당시 상황에서의 직선적인 연장이나 추정이다.

이것이 공상과학소설보다 과학이 항상 더 낯설다는 것에 대한 이유이다. 과학은 기하급수적으로 발전한다. 항상 현재의 지식의 총량에 비례해서 빠르게 성장한다. 이것은 짧은 몇 세대 안에 계속해서 증가하는 기술적인 성장의 폭발을 낳는다.

이렇게 주어진 틀 안에서 우리는 통일장이론이 우리를 어디로 데려갈 것인지를 예측하기가 얼마나 어려운지 알 수 있다. 왜냐하면, 우리는 사회 그 자체의 상대적인 원시성에 의해 제한되어 있기 때문이다. 심지어 우리의 상상력은 너무나 보수적이다.

비록 우리가 통일장이론의 실제적인 응용을 충분히 개척하는 형태 I 문명인 행성의 에너지원을 갖지 못한다고 해도 우리는 분명히 결단력과 지능 및 통일장이론의 모든 놀랄 만한 이론적인 수단들을 폭발시킬 에너지를 가지고 있다.

마지막으로 물리학자에게 있어서 통일장이론을 발견하는 것은 마치 어린이를 장난감 가게 한가운데 남겨둔 것과 같다. 끝이기는커녕, 이것은 바로 시작인 것이다.

# 참고 문헌


Abbott, Edwin A. Flatland. New York: Signet, 1984.

Bernstein, Jeremy. Science Observed. New York: Basic Books, 1982.

Calder, Nigel. The Key to the Universe. New York: Penguin, 1981.

Carnap, Rudolf. Philosophical Foundations of Physics. New York: Basic Books, 1966.

Crease, Robert P. and Charles C. Mann. The Second Creation. New York: Macmillan, 1986.

Davies, Paul. Superforce. New York: Simon&Schuster, 1984.

Feynman, Richard P. "Surely You're Joking, Mr. Feynman!" New York: Bantam Books, 1986.

French, A. P. Einstein: A Centenary Volume. Cambridge, Mass: Harvard University Press, 1979.

Gamow, George. One, Two, Three … Infinity. New York:

Bantam Books, 1961.

Gibilisco, Stan. Black Holes, Quasars, and Other Mysteries of the Universe. Blue Ridge Summit, Pa.: Tab Books, 1984.

Gribbin, John. In Search of the Big Bang. New York: Bantam Books, 1986.

——. In Search of Schrödinger's Cat. New York: Bantam Books, 1984.

——. Spacewarps. New York: Delta/Eleanor Friede, 1984.

Guillemin, Victor. The Story of Quantum Mechanics. New York: Charles Scribner's Sons, 1968.

Kaufmann, William. Black Holes and Warped Spacetime. San Francisco: W. H. Freeman, 1979.

Pais, Abraham. "Subtle Is the Lord…" Oxford: Oxford University Press, 1982.

Pagels, Heinz. The Cosmic Code. New York: Bantam Books. 1983.

——. Perfect Symmetry. New York: Simon&Schuster, 1986.

Silk, Joseph. The Big Bang. San Francisco: W. H. Freeman, 1980.

Snow, C. P. The Physicists. Boston: Little, Brown&Company, 1981.

Weinberg, Steven. The First Three Minutes. New York: Bantam Books, 1984.

Wolf, Fred Alan. Taking the Quantum Leap. New York: Harper&Row, 1981.

Zukav, Gary. The Dancing Wu Li Masters. New York: Bantam Books, 1980.

#### 초끈이론에 관한 전문 서적에 대해서는 아래 문헌 참조

Alessandrini, V., D. Amati, M. Le Bellac, and D. Olive.

Physics Reports vol. 1C, 1971, 269-346.

Paul Frampton. Dual Resonance Model, Benjamin, 1974.

Stanley Mandelstam. Physics Reports vol. 13C, 1974, 259-353.

Claudio Rebbi. Physics Reports vol. 12C, 1974, 1-73.

Joel Scherk. Reviews of Modern Physics vol. 47, January 1975, 123-164.

John Schwarz. Superstrings vols. I and II, World Scientific, Singapore, 1985.

——. Physics Reports vol. 8C, 1973, 269-335.